数码摄影基础

第三版

"十二五"职业教育国家规划教材
经全国职业教育教材审定委员会审定

十四五

□ 主　编　钟铃铃　白利波　唐映梅
□ 副主编　牛敬德　荆　明　马文霆
　　　　　汪　帆　刘　严　何雪苗

A R T D E S I G N

华中科技大学出版社
http://www.hustp.com
中国·武汉

内 容 简 介

本书结构新颖，以引导读者正确使用数码相机拍摄为目的。本书全面介绍了数码相机的使用和摄影相关的基础知识、数码摄影各阶段需运用的技巧和方法，围绕拍摄时使用的各种拍摄模式，引导读者进行由浅入深的练习。本书针对不同的光线环境和拍摄内容引导分类实践训练，培养实际拍摄技能。本书还介绍了数码照片后期制作技术，以增强作品表现力。本书内容全面，文字精练，适合数码摄影、平面设计等领域的读者阅读。

图书在版编目(CIP)数据

数码摄影基础/钟铃铃，白利波，唐映梅主编.—3 版.—武汉：华中科技大学出版社，2020.6 (2024.7 重印)
高职高专艺术学门类"十四五"规划教材
ISBN 978-7-5680-5749-3

Ⅰ.①数…　Ⅱ.①钟…　②白…　③唐…　Ⅲ.①数字照相机-摄影技术-高等职业教育-教材　Ⅳ.①TB86　②J41

中国版本图书馆 CIP 数据核字(2020)第 102642 号

数码摄影基础(第三版)　　　　　　　　　　　　　钟铃铃　　白利波　　唐映梅　主编
Shuma Sheying Jichu(Di-san Ban)

策划编辑：彭中军
责任编辑：舒　慧
封面设计：优　优
责任监印：朱　玢
出版发行：华中科技大学出版社(中国·武汉)　　　电话：(027)81321913
　　　　　武汉市东湖新技术开发区华工科技园　　　邮编：430223
录　　排：华中科技大学惠友文印中心
印　　刷：武汉科源印刷设计有限公司
开　　本：880 mm×1230 mm　1/16
印　　张：8.5
字　　数：275 千字
版　　次：2024 年 7 月第 3 版第 5 次印刷
定　　价：55.00 元

前言
Preface

与传统胶片摄影相比,数码摄影在实用性、技术性、创造性等方面都具有明显的优势。使用数码相机,摄影师可以拍摄和存储大量的照片,并可以立即查看和重新拍摄,获得良好品质的照片,还可以通过后期制作校正光照不良的照片,也可以调整颜色和应用特效。

本书作为一本讲解基本技巧的指导性教材,能引导读者充分利用数码相机所具有的功能。本书以典型工作任务及实际工作过程为参照,由浅入深地设计训练项目和学习内容。本书讲究实用性,使读者在运用数码相机拍摄训练中学习相关的摄影知识,贯彻"做中学、学中做"的教育理念。本书由具有丰富摄影经验的摄影师编写,他们将实际拍摄经验融入不同场景的拍摄训练中,以提高读者的拍摄技能。同时本书配有摄影作品、解说性图片、插画等,图文并茂,相得益彰,让读者在愉悦欣赏中掌握摄影方法。

本书介绍了关于摄影技术的全面基础知识。读者掌握了本书介绍的基本技巧后,可以充分发挥想象力,创作摄影作品。

本书在编写过程中得到许多摄影师的支持、帮助和指导,参考了一些文献,在此对这些摄影师和文献的作者表示感谢,同时感谢参与此书图片拍摄的同学们。本书存在的不足之处,敬请各位读者批评指正。

编 者

2020 年 1 月

目录
Contents

Shuma Sheying Jichu

项目一
使用数码相机

任务一
入门练习——数码相机的操作

即使是第一次接触数码相机的人,只要掌握一些基础操作,就能轻松地拍摄照片。在这里简单地介绍数码相机的结构及其操作方法,并一步步介绍数码相机的设置方法,讲解用相机拍摄之前需要做好的准备工作。

一、八个步骤快速使用数码相机

步骤一:插入电池

数码相机由电池供电,首先要做的就是插入电池。电池位置一般用英文"BATT"(battery)或带三角形的方块标志表示。目前很多相机使用可反复充电的电池,也有部分相机使用五号或七号电池。在使用相机前,应该将电池充满电,以满足拍摄需要。由于相机大小不同,电池孔和电池的大小、形状也不一样,如图1-1所示。

步骤二:安装镜头

数码单反相机需要安装镜头。将镜头上的红点与机身上的红点对齐,插入镜头后顺时针转动,旋转镜头,直至听到固定销到位的声音,则表示镜头卡锁到位了。安装镜头如图1-2所示。如果镜头为EF-S镜头,则将镜头上的白色方格与机身上的EF-S白色标志对齐,然后用同样的操作方法安装镜头。

图1-1　不同的电池孔和电池　　　　　　　　　　　　　　　图1-2　安装镜头

检查镜头上的对焦模式开关,将标记对准"AF",这样自动对焦功能就能起作用了。自动对焦模式如图1-3所示。

步骤三:置入存储卡

存储卡只能从一个方向置入相机的特制凹槽内,存储卡的插槽为英文"CARD"或卡片标志。将相机适用的储存卡按正确的方向插入,之后就可以进行拍摄了。置入存储卡如图1-4所示。

图 1-3　自动对焦模式　　　　　　　　　　　　　　图 1-4　置入存储卡

> **小贴士**

存　储　卡

数码相机将图像信号转换为数据文件保存在磁介质设备或光记录介质上。如果说数码相机是"计算机的主机",那么存储卡相当于"计算机的硬盘",它保存构成图像的所有数据。存储卡除了可以记载图像文件外,还可以记载其他类型的文件。通过 USB 接口和计算机相连,数码相机就成了一个"移动硬盘",而具有内置存储功能的数码相机存储不了几幅照片。在购买数码相机后需要再购买存储卡。存储卡的类型多种多样,需要依据相机的使用要求来购买。存储卡的存储容量各不相同,存储容量的单位为 MB 或 GB。

目前,数码相机常使用的存储卡有 CF 卡、SD 卡、记忆棒、MMC 卡、SM 卡、XD 卡和微硬盘 MICRODRIVE 等。存储卡如图 1-5 所示。

CF卡　　　　　　SD卡　　　　　　记忆棒　　　　　　MMC卡

图 1-5　存储卡

用于记录相机拍摄图像的存储卡,不管其体积大小,都是非常精密的电子产品,只能在数码相机已经关闭的情况下安装和取出。存储卡不受 X 光影响,但是受磁场的影响,如电视机、扬声器等产生的磁场等。同时要保持存储卡干燥,避免受潮和阳光直射,并避免灰尘。不用时将存储卡保存在保护盒内。

步骤四:打开电源开关

不同相机的开机方式各不相同,有的为拨扣式,有的为按压式,有的为转动式,有的为隐形滑板式。电源开关用英文"ON/OFF"或"OFF"标志表示。电源开关如图 1-6 所示。有的小型相机开机后镜头自动打开并伸出,相机需要摘掉镜头盖才能进行拍摄。伸出镜头如图 1-7 所示。

图 1-6　电源开关

图1-7　伸出镜头

步骤五：设置模式转盘

将模式转盘设置为全自动模式。拍摄模式可由模式转盘上的小图标或屏幕上的菜单指示。这样做可以让相机自动选择和决定拍摄参数，如焦点、曝光、白平衡等。全自动模式一般用英文"AUTO"或绿色方格表示。全自动模式如图1-8所示。

图1-8　全自动模式1

步骤六：进行变焦，选景构图

选择合适的场景大小进行拍摄，此时部分机型可使用变焦钮进行调整。变焦钮一般用字母"W/T"（广角/长焦）或图形（三棵树-广角/一棵树-长焦）表示。变焦钮如图1-9所示。数码单反相机通过旋转镜头变焦环实现变焦。变焦环如图1-10所示。

图1-9　变焦钮　　　　　　　　　　　　　　　　　　　图1-10　变焦环

> 小贴士

正确的持机姿势

正确握持相机是拍摄清晰图片的基本条件之一。想要拍出一张清晰、明亮的照片并非一件简单的事情,虽然现在的数码相机都有防抖设计,但是到了黄昏、室内等光线不够充足的时间和场所,不正确的握持动作会让相机抖动,拍出的照片也就不如人意了。

　　握持相机的方法不当是导致相机抖动的主要原因。正确握持相机的方法是怎样的呢?一般来说,当相机为数码单反相机时,右手的拇指应放在相机的背后(一般的相机背后都设有拇指槽,拇指按在拇指槽上即可),中指、无名指和小指放在相机的前面偏下,食指自然地放在快门按钮上,掌心贴住相机的右侧机身,左手掌心托住镜头,使用左手拇指、食指和中指操作对焦环及变焦环。这样,左右手就共同组成一个防止相机抖动的稳定支架。正确与错误的握持相机方法如图 1-11 所示。

图 1-11　正确与错误的握持相机方法

　　不论横向拍摄还是竖向拍摄,双臂贴近身体躯干更能避免手臂抖动而影响成像质量,起到了一定的防抖作用。正确的拍摄姿势如图 1-12 所示。用右手握住相机的机身,左手托住镜头,将胳膊肘紧贴身体,这样可以提供稳定的支撑。双臂架起远离身体躯干的姿势是错误的。错误的拍摄姿势如图 1-13 所示。

图 1-12　正确的拍摄姿势

图 1-13　错误的拍摄姿势

如果是小型数码相机,右手姿势不变,左手的姿势为大拇指与食指成 90°,紧贴在相机的左侧,以提供有力的支撑。正确与错误的握持小型数码相机方法如图 1-14 所示。

图 1-14　正确与错误的握持小型数码相机方法

除了握持相机的双手以外,身体其他部位也会影响机身的稳定,如何摆出正确的姿势呢?

首先,在站立时将双脚叉开,左右脚一前一后站立,降低重心,使身体更加稳定;同时挺直后背,使身体像一个三脚架,避免身体前倾或后仰,避免身体失衡而影响双手的稳定。正确与错误的站姿如图 1-15 所示。

其次,较低角度拍摄时,可以右腿跪在地上,用左膝盖支撑左臂,形成较稳定的支撑,同时身体的上半部分也要保持稳定。正确与错误的蹲姿如图 1-16 所示。

图 1-15　正确与错误的站姿　　　　　　　　　　　图 1-16　正确与错误的蹲姿

另一种方法是盘腿坐在地上,将双臂支撑在腿上,这样相机和镜头都有很好的支撑。正确的坐姿如图 1-17 所示。

最后,如果需要更低的角度拍摄时,可以趴在地上,用肘部支撑身体,用相机包、石头或其他类似的物体垫在相机下面,这样能有效防止相机抖动。正确的卧姿如图1-18所示。

图1-17　正确的坐姿　　　　　　　　　　　图1-18　正确的卧姿

合理借助拍摄环境也能够起到很好的防抖效果,例如将身体靠在墙体或柱子上,将使手臂更加稳定,从而拍摄出清晰的照片。借助支撑物防抖如图1-19所示。

使用正确的握持姿势能够应对绝大多数不利光线情况下的拍摄,它不仅是我们学习摄影的基础,而且是摄影技术非常重要的一部分,它能让你显得非常专业。

步骤七:使用快门进行自动对焦

半按下快门按钮,镜头将进行自动对焦。半按快门时取景器旁边的对焦指示灯会开始闪烁。半按快门按钮进行对焦如图1-20所示。对焦指示灯闪烁,说明焦距或曝光没有被锁定。当相机发出提示音时,对焦指示灯停止闪烁、持续亮起,说明对焦完成,如图1-21所示。部分相机无对焦指示灯,显示屏上的方框呈绿色,表示对焦完成。

图1-19　借助支撑物防抖　　　　　　　　　图1-20　半按快门按钮进行对焦

图 1-21　对焦完成

步骤八：完成拍摄，观看液晶屏幕

完全按下快门按钮进行拍摄，以及液晶显示器上显示的图像如图 1-22 所示。拍摄的图像将在液晶显示器上显示大约 2 s，可观看图像是否满意。图像记录在存储卡中，只需将其下载到计算机中或打印即可。

（a）　　　　　　　　　　　　　　　　　　　（b）

图 1-22　完全按下快门按钮进行拍摄，以及液晶显示器上显示的图像

二、相机的成像原理和组成

相机是进行摄影最基本的工具，世界上最简单的相机是由一个不透光的暗箱构成的，没有镜头，只在暗箱的前端打一个极小的孔，在暗箱内部放置胶片，这就是针孔式相机，如图 1-23 所示。

光线沿直线传播，这就是相机成像的基础，被摄景物的反射光线沿直线传播，通过针孔进入暗箱内，在胶片上形成一个倒立缩小的实像。小孔成像如图 1-24 所示。

由于针孔太小，只能通过极少的光线，导致曝光时间过长，清晰度较差。为了汇聚光线，人们设计了一个特殊的装置（镜头）来代替暗箱前端的小孔。由光学玻璃组成的镜头可以汇聚光束，形成清晰的影像，如图 1-25 所示。

从现在一部复杂的数码相机的外观上看，人们无法想象最早的相机仅由一个前端置有镜头，后部装有存放胶片的暗箱组成。老式相机如图 1-26 所示。其实从相机的结构上分，相机分为机身和镜头两个部分，如图 1-27 所示。相机的主体是机身，它是一个不透光的暗箱，它的作用是把进入镜头的光线和外界的光线隔开，让进入相机的光线不受干扰地到达感光元件上。镜头可以接纳大量的光线，只需若干分之一秒的短暂时间,就可适当曝光。现代相机也没有离开这套系统,只是增加了取景系统、快门系统、光阑系统及调焦系统等。现代相机的外形越来越美观,越来越符合人机工程学的需求,用材越来越优良。

图 1-23　针孔式相机　　　　　　　　　　　图 1-24　小孔成像

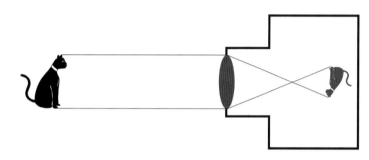

图 1-25　镜头聚焦光线在感光元件上产生清晰的影像

图 1-26　老式相机　　　　　图 1-27　数码相机的机身和镜头

　　数码相机是集光学、机械、电子于一体的产品,它集成了影像信息的转换、存储和传输等部件,采用数字化存取模式,具有与计算机交互处理和实时拍摄等特点。数码相机的工作流程如图 1-28 所示。

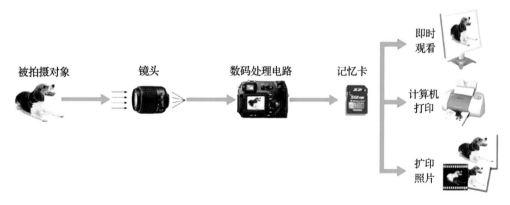

图 1-28　数码相机的工作流程

任务二
初步练习——情景模式的使用

本任务介绍一些有关数码相机和镜头结构方面的知识,同时针对不同情景的基础拍摄,让拍摄者从实践中体验使用数码相机的拍摄乐趣。

一、情景模式的类别和使用

数码相机的情景模式专为摄影初学者设计。相机针对一些常见的场景,自动进行预先设置,包括全自动模式、人像模式、风光模式、微距模式、运动模式、夜景人像模式、闪光灯关闭模式等。数码相机的情景模式可以让以往较难把握的拍摄技巧变得非常简单,并化平实为神奇。旋转相机上方的模式转盘,就可以选择与所拍摄场景或拍摄意图相匹配的拍摄模式。模式转盘如图1-29所示。按以"SCN"或"BS"为标志的场景键进入菜单进行选择。部分小型数码相机的情景模式设置在菜单中。数码相机情景模式越来越丰富,如图1-30所示。

图1-29 模式转盘

图1-30 数码相机的情景模式

1.全自动模式

全自动模式拍摄的作品如图1-31所示。

全自动模式如图1-32所示。

全自动模式一般用英文"AUTO"或绿色方格表示。相机设置在全自动模式上时,需要做的就是取景和按快门。大多数情况下都能拍摄出一张影像清晰、曝光准确、色彩饱和的照片来,没有太多摄影知识的用户也能轻易拍摄出不错的照片。对于那些对图片质量要求不高的拍摄工作,全自动模式基本上能够满足要求,但是仅仅使用相机上的全自动模式,相机中95%的功能都未用上。

图 1-31　全自动模式拍摄的作品

图 1-32　全自动模式 2

2. 人像模式

人像模式拍摄的作品如图 1-33 所示。用人像模式可以将背景虚化,以突出人物主体。

人像模式如图 1-34 所示。

图 1-33　人像模式拍摄的作品

图 1-34　人像模式

人像模式一般用女性头像表示。一般情况下,拍摄人像要使用大光圈来模糊背景,以达到突出人物的效果。数码相机中的人像模式以最近的主体为焦点,自动采用大光圈,拍摄出主体清晰、背景模糊的人像照片。此外,还可以较好地表现柔和的肤色。逆光状态下拍摄人像的话,还需要闪光灯对人物面部进行补光。这些基本的人像场景拍摄参数已经被输入相机之中,只要调到人像模式,相机就可以根据当时的场景进行自动调整,给出合适的曝光组合。人像模式可以很好地将人物和背景分离,让初学者也能拍出背景虚化、主体清晰的人像照片。

3. 风光模式

风光模式拍摄的作品如图 1-35 所示。用风光模式能够获得大景深和清晰的细节。

风光模式如图 1-36 所示。

图 1-35　风光模式拍摄的作品

图 1-36　风光模式

风光模式一般用山峰和白云的图案或只采用山峰图案作为标志。风光摄影中最常见的表现手法就是用小光圈获取大景深,以实现近景到远景都清晰的大景深效果。风光模式就是在保证一定快门速度的前提下,尽可能地使用小光圈,并强制关闭闪光灯,以获得大景深和清晰的细节。此模式常用于拍摄辽阔场地的风光、夜景等。部分相机在风光模式启动后,屏幕上的对焦点标志会消失,那是相机将焦点自动设定为无限远(也称为超焦距拍摄),再配合小光圈,可以实现整体画面前后都较为清晰的效果。在这种模式下,配合广角镜头,可以进一步增强图像的深度和广度。在夜景、黄昏等场景下,由于光线不足,手可能会产生抖动,此时应使用三脚架,才能充分发挥出风光模式的效果。

4. 微距模式

微距拍摄可以将大自然中最动人心弦的细微之处显露无遗。微距模式拍摄的作品如图 1-37 所示。微距模式如图 1-38 所示。

图 1-37　微距模式拍摄的作品

图 1-38　微距模式

微距模式一般用花朵的图案作为标志。这种模式主要用在近距离拍摄较小的对象,如花朵、昆虫等。此模式下相机会自动开启微距拍摄功能,用户可进行近距离拍摄。相机也会开启较大光圈,使背景得到足够的虚化。微距拍摄常把相机靠近被摄物体,因此相机抖动给图像清晰度带来的负面影响将会变大,另外花草也比较容易受到风吹的影响而晃动。因此,在光线较好时,只要在花草晃动较小时按下快门,图像一般都是比较清晰的;而如果光线比较暗,快门速度低于 1/60 s 时,推荐使用三脚架进行拍摄,以获得更佳的微距拍摄效果。

5. 运动模式

运动模式能够轻松捕捉快速移动的主体,抓拍到每一个精彩的瞬间。运动模式拍摄的作品如图 1-39 所示。

运动模式如图 1-40 所示。

图 1-39   运动模式拍摄的作品

图 1-40   运动模式

运动模式一般用一个奔跑的人形表示。一般情况下,对运动中的物体进行拍摄时,因为被摄体在不停运动,因此拍摄出来的照片主体往往不清晰。解决这一问题最简单的办法就是使用数码相机的运动模式进行拍摄,因为运动模式根据被摄体快速运动的情况提高感光度和快门速度,并启动连续对焦和连拍模式,使用户能够轻松捕捉快速移动的主体,抓拍到每一个精彩的瞬间。当被摄体进入画面后,半按快门按钮,开始自动对焦。只要被摄体在画面内,保持半按快门按钮的状态,就可追踪被摄体,持续自动对焦。当确定机会来临时,完全按下快门按钮并保持按下状态,这样将连续拍摄动态瞬间,可提高捕捉最佳瞬间的可能性。运动模式适合拍摄一些不停运动的物体。

6. 夜景人像模式

使用夜景人像模式拍摄,人物清晰,同时可拍摄到自然的背景光线。夜景人像模式拍摄的作品如图 1-41 所示。

夜景人像模式如图 1-42 所示。在夜景人像模式下,主体在闪光灯闪光后保持不动,同时要注意人与相机之间的距离。距离太近,主体会过亮;距离太远,则可能因闪光灯的强度不够而导致人物太暗。

图 1-41   夜景人像模式拍摄的作品

图 1-42   夜景人像模式

夜景人像模式一般用人和星星的图案表示,部分数码单反相机使用月亮符号表示。晚上拍摄人像时,由于光线比较暗,如果不开启闪光灯,曝光时间会很长,就会拍出不清晰的照片;如果开启闪光灯,由于闪光灯的照射范围有限,往往会拍出人像曝光正常而背景一片漆黑的照片。这时可以使用夜景人像模式,该模式下相机光圈一般适中,提高感光度,同时考虑了摄影者手持拍摄的安全快门速度。闪光灯会自动开启,对近处人物进行补光,并采用慢速同步快门,使背景也能够展现出自然的光线效果。这样得到的夜景人物照片不但人物清晰明亮,也保证了背景的充足曝光。这一模式不但适用于夜景人物的拍摄,还可以广泛使用于室内会议的拍摄。

7. 闪光灯关闭模式

在闪光灯关闭模式下,由于只采用现场光源进行拍摄,照片更具有现场光照氛围。闪光灯关闭模式拍摄的作品如图 1-43 所示。

如果使用闪光灯进行拍摄,则会破坏现场气氛。使用闪光灯拍摄的照片如图 1-44 所示。

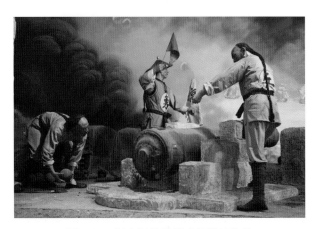
图 1-43　闪光灯关闭模式拍摄的作品

图 1-44　使用闪光灯拍摄的照片

图 1-45　闪光灯关闭模式

闪光灯关闭模式如图 1-45 所示。

闪光灯关闭模式一般以禁用闪光灯图标表示。根据拍摄条件和环境场所的不同,拍摄的时候可能并不希望闪光灯闪光,这时可以使用闪光灯关闭模式。此模式与全自动模式最大的区别是闪光灯是否闪光。因为不会突然闪光,所以不会破坏现场气氛,可应用于演奏会、美术馆等场合的拍摄。由于只采用现场光源进行拍摄,照片更具有现场氛围。在闪光灯关闭模式下,闪光灯也不会进行自动对焦辅助闪光。当被摄体过暗时,可能出现难以精确对焦的情形。不过在类似演奏会等被摄场所具有足够亮度的时候,自动对焦功能将发挥作用。

二、构图的基本知识

掌握数码相机的基本操作后,想要拍摄出不错的画面,接下来需要思考如何表现眼前的景象,并通过观察取景器决定照片的构图。构图决定着构思的实现,好的构图是好照片的第一要素。构图是一门基本功,是照片的骨架,是摄影师为了表达自己的意图,在照片中对所摄题材进行的安排和处理。构图大体上有几个关键要素:被摄主体的位置、画面的横竖、主体在画面中的大小,以及相关前景、背景与画面的整体协调等。

长期以来,画家经过认真的研究,找到了一些对绘画创作有普遍指导意义的构图规则。相机发明后,这些构图规则也被摄影师所使用。拍摄照片时的构图原理和绘画时要考虑的画面构成相同。拍摄者可以将相机的取景器想象成画布,而如何在一张照片上均衡地布置被摄体就成了关键。另外,画面的宽阔感也是构图的要素,是将整体拍入画面还是只将一部分被摄体放大,不同的选择会使照片的整体气氛有很大的不同。

1. 水平式构图

在水平式构图的画面上,景物整体形态和色彩变化都呈现横线形式,能展现出宽阔感,创造一种宁静之感。水平式构图常用于拍摄自然风光中的原野、海洋、湖面和人文景观中的建筑等大面积的景物,使景色显得辽阔、浩瀚。

横向拍摄的照片和人类的自然视野相似,能给人以一种安定感。水平式构图作品如图 1-46 所示。

2. 垂直式构图

垂直式构图给人以高耸向上、坚定有力的感觉,充分显示景物的高大和气势纵深,构图更具有力量感和纵深感。这种构图适合于强化纵向的物体,例如森林树木、险峻的山石、山峰瀑布和摩天大楼等景物,能结合前后景的关系,使纵深感、透视感得到明显强化。

用竖拍截取风景,有时会产生独特的效果,给人留下深刻的印象。垂直式构图作品如图 1-47 所示。

图 1-46　水平式构图作品

图 1-47　垂直式构图作品

3. 拍摄角度

拍摄角度也对构图有很大影响。拍摄者站立面向被摄体从正面拍摄的角度称为眼平角度,从下向上仰视拍摄的角度称为低角度,从上向下俯视拍摄的角度称为高角度。即使被摄体位置固定,相机角度不同,被摄体看起来也会完全不同。图 1-48 就形象地反映了拍摄高度的不同给照片视觉上带来的变化。如图 1-49 所示,拍摄角度不同,被摄体和背景看起来都发生了变化。

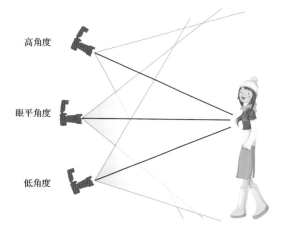

图 1-48　不同角度拍摄

用眼平角度拍摄时，画面和平时所见类似　　　以低角度拍摄时，画面看上去更有冲击力

图 1-49　从不同角度拍摄的照片

三、数码单反相机的结构原理

数码单反相机的构造以胶片单反相机为基础,两者有很多相通之处。下面根据这些特征对数码单反相机的结构进行介绍。

1. 数码单反相机的构造

数码单反相机的构造源于胶片单反相机。通过镜头收集光线以成像,这一原理是相同的。但将接收到的光线成像的过程则是数码单反相机所独有的。数码单反相机的内部由机械部分和电子部分共同构成,制作十分精密,如图 1-50 所示。

1)镜头

收集被摄体所反射的光线,被收集的光线在图像感应器平面上成像。镜头如图 1-51 所示。

反光镜

快门单元

图像感应器

影像处理器

镜头

图 1-50　数码单反相机的构造

图 1-51　镜头

2）反光镜

将通过镜头的光线进行反射，使之在取景器内成像。反光镜如图1-52所示。数码单反相机普遍采用了45°反光镜配合五棱镜进行反射式取景的技术，所以称为"单镜头反光式取景"，简称"单反"，即SLR（single lens reflex）。

3）快门单元

在图像感应器之前，拦截从镜头射入的光线，通过开关时间的长短，调整图像感应器的受光量。快门单元如图1-53所示。快门单元位于反光镜的后方，在快门释放前反光镜将升起。

图 1-52　反光镜

图 1-53　快门单元

4）图像感应器

图像感应器相当于胶片相机所使用的胶片，由半导体集成的电子元件构成。图像感应器如图1-54所示。在此处收集到的光线在图像感应器内被转换为电信号，变为生成图像数据所需的必要形式。

5）影像处理器

对图像感应器接收到的光数据进行计算，并将其转换为人眼可见的图像数据，这是进行计算机处理的部分。影像处理器如图1-55所示。影像处理器的功能相当于胶片相机进行冲印显影，可根据相机的指令对图像进行各种加工处理。

图 1-54　图像感应器

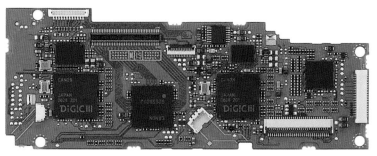

图 1-55　影像处理器

2. 数码单反相机的工作过程

1）按下快门按钮前——取景和对焦的状态

在按下快门按钮之前，光线透过镜头到达反光镜后，折射到上面的对焦屏并结成影像，透过取景器和五棱镜，我们可以看到镜头对准的景物。取景和对焦的状态如图1-56所示。在这种系统中，反光镜和五棱镜的独到设计使得摄影者可以从取景器中直接观察到通过镜头的影像。图1-57所示是五棱镜，它的作用是将对焦屏上左右颠倒的图像校正过来，使取景器看到的图像与直接看到的景物方位完全一致。小型数码相机

多采用电子手段实现对被摄体的观察,而数码单反相机由于采用这种光学方式,因此不会产生各种时滞延迟。

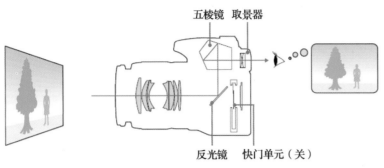

图 1-56　取景和对焦的状态

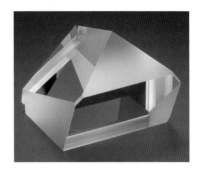

图 1-57　五棱镜

2)按下快门按钮后——拍摄的状态

在按下快门按钮的同时,反光镜往上弹起,快门单元的幕帘便同时打开,镜头所收集的光线通过快门帘幕到达图像感应器。快门不仅可调节光量,而且可通过快门打开时间的长短来控制被摄体的运动感觉。拍摄的状态如图 1-58 所示。

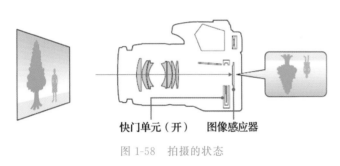

图 1-58　拍摄的状态

3)释放快门按钮后——完成拍摄的状态

释放快门按钮,完成拍摄后,快门关闭,反光镜便立即恢复原状。观景窗中可以再次看到影像。单镜头反光相机的这种构造,确定了它是完全透过镜头对焦拍摄的,它能使观景窗中所看到的影像和胶片上的永远一样,它的取景范围和实际拍摄范围基本上一致。完成拍摄的状态如图 1-59 所示。

3. 数码单反相机和小型数码相机

目前,市场上种类丰富的相机给用户提供了多种选择,各种相机都有着自身的特点,在购买时宜依据自身的需求进行选择。下面通过小型数码相机和数码单反相机的对比,介绍两者各自的特征。

1)体积和重量

小型数码相机小巧轻便,便于携带。小型数码相机的设计突出了最大限度的便携性,所以它们的机身小巧轻便。小型数码相机如图 1-60 所示。

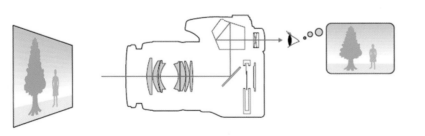

图 1-59　完成拍摄的状态

图 1-60　小型数码相机

数码单反相机较大且较重,便携性不如小型数码相机。数码单反相机如图 1-61 所示。

图 1-61　数码单反相机

2)画质效果

数码单反相机与小型数码相机相比较,不仅外观有区别,而且其内部的基本构造存在着根本性的差异。它们最主要的区别就在于用于接收光线、进行成像的图像感应器面积大小不同。小型数码相机通常采用1/2.5英寸(1 英寸=0.025 4 米)或 1/2 英寸的图像感应器;数码单反相机一般采用 APS-C 尺寸图像感应器,这种图像感应器的面积约是小型数码相机图像感应器面积的 13 倍,因此在电子性能方面拥有众多优点。

图像感应器的大小如图 1-62 所示。

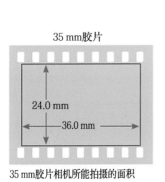

35 mm胶片

24.0 mm

36.0 mm

35 mm胶片相机所能拍摄的面积

全画幅图像感应器

23.9 mm

35.8 mm

具有与35 mm胶片同等面积的全画幅图像感应器。照片为EOS 5D所采用的有效像素为1 280万像素的CMOS图像感应器

APS-C尺寸图像感应器

14.8 mm

22.2 mm

现在最普及的数码单反相机所采用的图像感应器。照片为EOS 450D所采用的有效像素为1 220万像素的CMOS图像感应器

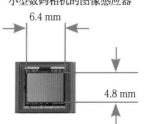

小型数码相机的图像感应器

6.4 mm

4.8 mm

1/2英寸的图像感应器。1/2.5英寸的图像感应器与之相比面积更小

图 1-62　图像感应器的大小

>小贴士

图像感应器的面积大小决定了画质优劣

以 35 mm 胶片为基准,对各种代表性尺寸的图像感应器进行并列对比,可以发现就算是最普通的 APS-C尺寸图像感应器,也拥有足够大的面积,与小型数码相机有着明显的差异。小型数码相机的图像感应器与APS-C 尺寸图像感应器的面积比约为 1∶13,与全画幅图像感应器相比,差距就更明显,大约为 1∶35。图像感应器面积增大,不仅导致虚化效果不同,而且图像感应器内的单一像素所接收到的光量也成比例增加,所以成像噪点得到减少。另外,所能够再现的从白色到黑色的层次范围区间(动态范围)也与图像感应器面积成正比,变得更加宽广。

3)镜头更换

由于设计的目的是使用便捷,小型数码相机的镜头与机身为一体,所以无法更换镜头,镜头性能较差。

不管采用多高倍率的变焦镜头,总是有它的极限,特别是其广角的能力较差。小型数码相机与数码单反相机相比,最大的差别是无法更换镜头。小型数码相机机身和镜头一体如图 1-63 所示。

数码单反相机的设计侧重点在于拍摄,目的是快速、便捷、灵活、多意向地拍摄多种类型的被摄体。数码单反相机通过更换镜头来满足各种拍摄需求,它可以使用多种镜头进行广角、远摄或特写拍摄。众多镜头根据各自的光圈亮度及特性不同而被详细分类,能够充分利用这些镜头,正是数码

图 1-63 小型数码相机机身和镜头一体

单反相机的真正魅力所在。数码单反相机可更换不同的镜头,如图 1-64 所示。

4)取景方式

小型数码相机通常通过背面液晶监视器进行观察后拍摄,从严格意义上讲,所拍摄到的画面并不是按下快门按钮那一瞬间的画面,而是略微滞后的画面。这是因为液晶监视器上观察到的画面是转换成电子信号后生成的,所以会产生时滞。画面无法与被摄体的运动同步,因此无法获得期望的构图效果。

数码单反相机通过取景器可以观看到镜头所包括的场景,与要记录的场景完全一致,通过光学取景器来观察实际图像,所以完全不会产生电子方面的时间差,当前所观察到的图像与被摄体的实际动作并无差异,而且不管是快门等的机械结构还是自动对焦功能的速度,数码单反相机都占有绝对性的速度优势,具有不会错失瞬间快门机会的高性能。同时,因为图像处理性能更好,数码单反相机的拍摄间隔也较短,能够在一定时间周期内拍摄更多的照片,所以可对高速运动被摄体进行连拍,从而提高获得最佳照片的可能性。对高速运动的被摄体进行连拍如图 1-65 所示。

图 1-64 数码单反相机可更换不同镜头

图 1-65 对高速运动的被摄体进行连拍

任务三
进阶练习1——光圈优先曝光模式

一、光圈优先曝光模式

在光圈优先曝光模式下,摄影师只需要设置光圈值,数码单反相机内部的电子测光系统会依据现场的光线,自动设置与之相匹配的快门速度,从而使照片曝光准确。光圈优先曝光模式作品如图1-66所示。部分相机的曝光模式转盘上用字母"A"表示光圈优先曝光模式,佳能相机则使用"Av"表示光圈优先曝光模式,如图1-67所示。由于光圈优先曝光模式是先确定光圈值,再由相机根据该设置值自动决定快门速度,因此光圈优先曝光模式适用于拍摄非运动物体。光圈优先曝光模式的优点是便于控制景深,景深跟光圈大小有着密切关系。

图 1-66　光圈优先曝光模式作品

光圈优先
曝光模式

光圈优先
曝光模式

图 1-67　光圈优先曝光模式 1

1. 使用光圈优先曝光模式

以佳能相机为例,首先由拍摄者使用模式转盘对模式进行变更,仅需对准"Av"位置即可。选择光圈优先曝光模式如图1-68所示。

图 1-68　选择光圈优先曝光模式

使用主拨盘改变光圈的设置值,在旋转主拨盘时,可通过液晶显示屏观察光圈值的变化。半按快门,相机将自动设定快门速度,确保准确曝光。最终按下快门按钮,完成拍摄。设置光圈值如图1-69所示。如拍摄场景光线过暗,数码相机为确保曝光准确,设定的快门速度将较慢,需要配合使用三脚架。

2. 光圈的定义

光圈是控制感光元件曝光量的装置。在镜头中间有一个由多

片活动的金属叶片互叠围成的多边形光孔,这个光孔称为光圈。虽然构成光圈的金属叶片体积非常小,但在决定照片的最终效果方面却起着不可或缺的重要作用。使用主拨盘或菜单命令改变光圈的设置值,可改变光孔的大小,即控制镜头的进光量。光圈如图 1-70 所示。

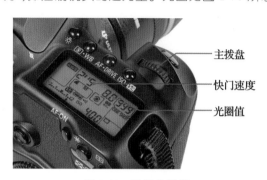

图 1-69   设置光圈值

图 1-70   光圈

▷小贴士

举个简单的例子说明何谓光圈。假设一间黑暗不透光的房子里,如果窗户关得紧紧的,房子里会一直是全暗的。如果把窗户打开,光线就会透射到房子里,整间房子就会变亮,而且窗户开得越大,房子里就越亮。这扇"窗"的概念,就等同于相机的"光圈"。光圈的金属叶片打开时大量光线通过如图 1-71 所示,光圈的金属叶片关小时通过光线减少如图 1-72 所示。

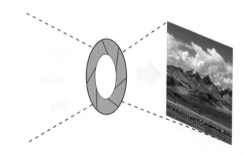

图 1-71   光圈的金属叶片打开时大量光线通过

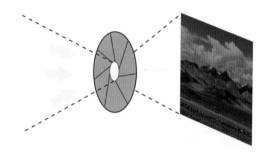

图 1-72   光圈的金属叶片关小时通过光线减少

3. 光圈的大小

光圈的大小(即光孔的大小)用光圈系数 F 表示。旋转数码相机主拨盘时,可通过液晶显示屏观察光圈值的变化,由 1、1.4、2、2.8、4、5.6、8、11、16、22 等数字组成,简称"F 系数",如图 1-73 所示。

光圈系数 F 的计算公式为

$$F = 镜头焦距/光孔直径$$

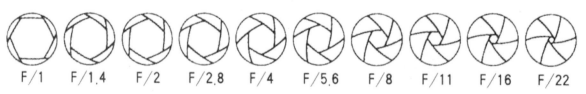

图 1-73   F 系数

焦距是指从镜头的光学中心到图像感应器(焦点)的距离。此距离越长,则越能将远方的物体放大成像;此距离越短,则越能拍摄更宽广的范围。焦距如图 1-74 所示,此图仅采用单枚透镜进行说明,实际上镜头的中心点由多枚透镜的结构决定。

以 50 mm 的镜头为例,光孔直径为 25 mm、12.5 mm、6.25 mm 时,它们的光圈系数分别为 F2、F4、F8。由此可见,光孔大小和光圈系数正相反:光孔越大,光圈系数值越小;光孔越小,光圈系数值越大。各相邻的光圈系数之间相差一级,进光量增(减)一倍(半),如 F4 比 F5.6 的进光量大一倍,而比 F8 的进光量大三倍。

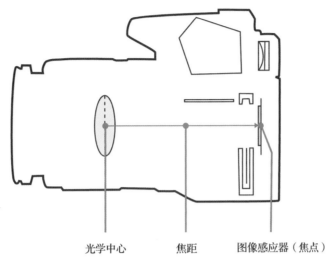

光学中心　　　焦距　　　图像感应器(焦点)

图 1-74　焦距

4. 光圈的作用

1) 控制进光量

同一快门时间,光圈系数大,光圈小,进光量少;光圈系数小,光圈大,进光量多。采用不同光圈系数拍摄的作品如图 1-75 所示。这些作品为光圈优先曝光模式下采用不同的光圈系数拍摄的作品,可以看出光圈大小决定了进入相机的光线的多少,影响着照片的曝光。

图 1-75　采用不同光圈系数拍摄的作品

2)控制景深

光圈的另一个重要作用就是通过对光圈的设置,可以改变景深的大小。光圈越大(光圈系数越小),景深越小;光圈越小(光圈系数越大),景深越大。图 1-76 所示为使用不同光圈拍摄景深范围不同。

使用大光圈拍摄时,景深范围小,其结果是使背景有效虚化。光圈优先曝光(F2.8)

使用小光圈拍摄时,景深范围大。光圈优先曝光(F16)

图 1-76　使用不同光圈拍摄景深范围不同

景深是指对焦位置前后看起来清晰的范围,就是对焦点前后一段距离内最近和最远平面之间的清楚范围。景深越大,表示清晰范围越大;景深越小,表示清晰范围越小。景深如图 1-77 所示。

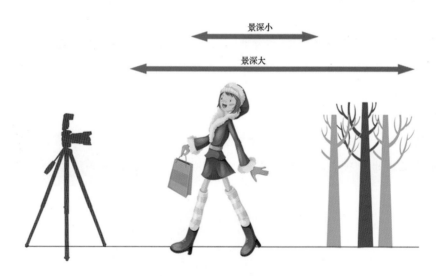

图 1-77　景深

如果掌握了光圈的使用方法,照片的质量会得到飞跃性的提高。景深的控制是摄影的重要技术手段之一。除光圈以外,同时影响景深的要素有镜头焦距及被摄体与背景之间的距离。焦距和景深的关系:焦距越长,景深越小;焦距越短,景深越大。焦距不同,景深不同如图 1-78 所示。被摄体与背景之间的距离越远,景深越小;被摄体与背景之间的距离越近,景深越大。

使用长焦镜头拍摄时，景深范围小，
背景有效虚化

使用标准镜头拍摄时，景深范围大，
背景清晰可见

图 1-78　焦距不同，景深不同

> 小贴士

什么是镜头的最大光圈？

镜头的最大光圈是由镜头有效口径及镜头焦距所决定的，但通常用于表示光圈全开时的亮度，其值越小，越适合在昏暗场所进行拍摄。大多数的变焦镜头的最大光圈随焦距变化。当光圈值为 F3.5 时，镜头上表示为"1：3.5"；当变焦镜头上表示为"1：3.5-5.6"时，意味着其广角端的最大光圈为 F3.5。光圈调整如图 1-79 所示。

选择最佳光圈：拍摄时如果有选择机会，要选择比最大光圈小 1.5～2 挡的光圈。例如，F/2 镜头的最佳光圈应当是 F/4。镜头光圈大开（最大光圈）时，理论上会受球形象差的影响，降低图像的总体清晰度。

避免光圈过小

镜头光圈开到最小时，会受衍射光线的影响，出现衍射现象。这是由于光线在光圈金属叶片的周围出现了乱反射，是因光圈过小使光线通道出口狭小而产生的现象。光圈使用方法不同，可能会导致照片画质降低。通常情况下，当拍摄风景等希望对大范围进行合焦并清晰成像时，一般使用 F8～F11 的光圈值比较合适。

图 1-80 所示为将相机固定，改变光圈值，从同一位置拍摄，并对其中红框部分进行放大显示。F11 比 F32 拍摄得更锐利。

图 1-79　光圈调整

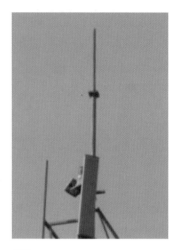

F11 　　　　　　　　　　　　　F32

图 1-80　将相机固定,改变光圈值,从同一位置拍摄

二、镜头的结构原理

镜头的作用对于数码单反相机来说,与其对于胶片相机一样非常重要,它不仅承担着收集光线形成图像的工作,而且承担着对焦等工作。

1. 镜头的结构

1)透镜

镜头的内部包括组合结构复杂的多枚透镜。根据玻璃材质、加工方法等的不同,有各种不同种类的透镜。由于组合形式不同,最终画质也有所差异,但镜头性能并不简单地与透镜枚数成正比。镜头的结构和透镜分别如图 1-81 和图 1-82 所示。

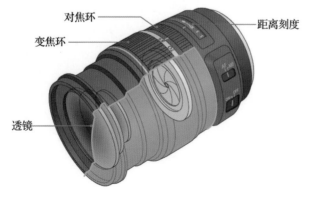

图 1-81　镜头的结构　　　　　　　　　　图 1-82　透镜

2）变焦环

变焦镜头具有用于改变焦距的变焦环。调整变焦环，可改变视角。定焦镜头由于焦距固定，无法进行变焦。变焦环如图 1-83 所示。

3）对焦环

旋转对焦环时，内部的镜片将移动，可实现对焦，手动对焦也如此进行。对焦环的位置因镜头种类的不同而不同，可能位于镜头的前部或后部。对焦环如图 1-83 所示。

4）距离刻度

距离刻度是在表示镜头伸出量的同时，显示与被摄体之间距离的刻度标记。距离刻度如图 1-84 所示。在风光摄影时，当需要对远处的物体进行拍摄，同时希望使用手动对焦时距离刻度很有帮助。有部分自动对焦镜头无距离刻度。

图 1-83　变焦环和对焦环

2. 镜头的分类和使用

对于摄影创作的艺术世界来说，镜头是一把钥匙，能使数码相机产生特殊的功能，但是最后展现在画面上的还要看拍摄者是否能够根据需要正确地运用镜头。广角镜头可以抓拍生动的景色，长焦镜头突出被摄景物的细节或让远处的物体充满画面，变焦镜头随着拍摄者的选择拍摄靠近或远离的景物，而微距镜头则可以创造特写的画面。各种不同功能和特色的镜头如果使用得当，就可以将一幅普通的画面拍成一幅艺术作品。镜头组如图 1-85 所示。

图 1-84　距离刻度

图 1-85　镜头组

数码单反相机可以更换镜头，因此可使用的镜头品种繁多，通常将其分为两大类：定焦镜头和变焦镜头。

1）定焦镜头

对于定焦镜头，按镜头的焦距与图像感应器画幅对角线长度的比值定义，镜头基本上可分为标准镜头、广角镜头和长焦镜头三类。一般把镜头的焦距近似于图像感应器画幅对角线长度的称为标准镜头，比标准镜头的焦距短的称为短焦镜头（广角镜头），比标准镜头的焦距长的称为长焦镜头（远摄镜头）。

标准镜头如图 1-86 所示。

标准镜头的取景视角大小及所形成的影像透视比例都非常接近眼睛的视觉习惯，它的景深效果也适

当,画面影像显得较真切、自然,具有亲和力。因此,标准镜头是非常实用的镜头。运用标准镜头拍摄的照片如图 1-87 所示。

广角镜头如图 1-88 所示。

图 1-86 标准镜头　　　　　图 1-87 运用标准镜头拍摄的照片　　　　　图 1-88 广角镜头

广角镜头具有较大的拍摄视角,能够把距离非常近和范围较宽的景物纳入镜头,使画面具有特别的视觉冲击力。同时广角镜头容易使被摄体影像变形,被摄体越近,变形越明显。运用广角镜头拍摄的照片如图 1-89 所示。

图 1-89 运用广角镜头拍摄的照片

长焦镜头如图 1-90 所示。

长焦镜头的视角比较小,可以把远处被摄体"拉近",在不干扰被摄体的情况下拍摄成比例较大的影像,并可以兼顾远近景物的形态,可以利用焦距长、景深浅的特点消除杂乱的背景,使主题突出。运用长焦镜头拍摄的照片如图 1-91 所示。

图 1-90　长焦镜头

图 1-91　运用长焦镜头拍摄的照片

2) 变焦镜头

对于变焦镜头,可根据光圈是否固定将其分为两类:一类是浮动光圈变焦距镜头,另一类为恒定光圈变焦距镜头。浮动光圈变焦距镜头如图 1-92 所示。18～200 mm F/3.5-5.6 这款镜头,当焦距设定为 18 mm 时,最大光圈为 F/3.5;而当焦距设定为 200 mm 时,最大光圈仅为 F/5.6。这款镜头的最大光圈会随着焦距的变化而变化,称为浮动光圈变焦距镜头。恒定光圈变焦距镜头如图 1-93 所示。24～120 mm F/4 这款镜头,无论使用 24 mm 的焦距还是 120 mm 的焦距,其最大光圈都为 F/4。最大光圈不随焦距的变化而变化的镜头,称为恒定光圈变焦距镜头。

随着光学技术的不断发展,变焦镜头的使用越来越广泛,变焦比也越来越大。广角变焦镜头典型的焦距段有 16～35 mm、17～40 mm、14～24 mm 等,标准变焦镜头典型的焦距段有 28～70 mm、24～70 mm、24～135 mm 等,长焦变焦镜头典型的焦距段有 70～200 mm、80～200 mm、100～300 mm,高倍变焦镜头典型的焦距段有 18～200 mm、28～300 mm、35～350 mm。

图 1-92　浮动光圈变焦距镜头

图 1-93　恒定光圈变焦距镜头

变焦镜头的优点在于携带与拍摄方便,由于省去了更换镜头的时间,在捕捉被摄体时可以自由变换合适的焦距进行拍摄。

变焦镜头的作用和影响如下。

● 镜头焦距改变被摄体的范围

在相同的画幅下,镜头的焦距不同,其中最明显的是拍进画面的范围的变化,也就是画面视角的变化。图 1-94 所示是使用从 8 mm 到 800 mm 不同焦距拍摄的照片。在相机位置不变的情况下,焦距越长,拍进画面的景物范围就越窄,被摄体就会越大。使用远摄镜头能够将被摄体"拉近",使其在画面中的范围足够大,换言之就是画面视角变窄。可见,镜头焦距与视角成反比。即焦距越短,视角越宽;焦距越长,视角越窄。镜头的焦距能够直接使视觉效果产生如此大的变化。如果拍摄距离一定,我们可以通过改变镜头焦距来自由改变拍摄范围和被摄体大小。

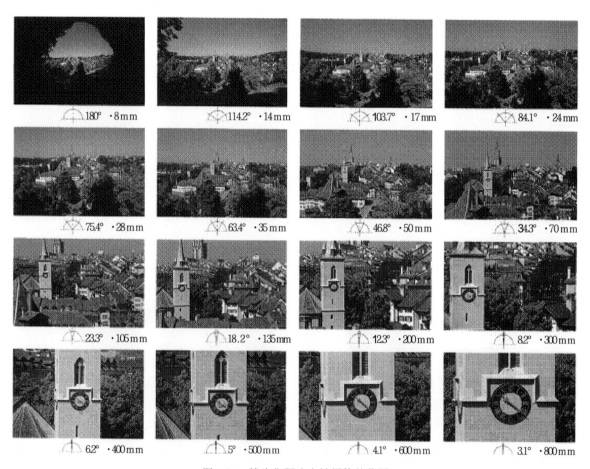

图 1-94　镜头焦距改变被摄体的范围

● 镜头焦距影响透视

改变镜头焦距的同时改变相机和被摄体之间的距离,会对画面的透视产生巨大的影响。透视本身与不同距离处物体所显现的尺寸大小及倾斜表面上平行线向远处某点汇聚的方式有关,所有这些能在二维图片上强烈地体现出三维景物的纵深感和距离感。镜头焦距影响透视如图 1-95 所示。

图 1-95 所示的照片是使用不同焦距,在保证人物大小不变的情况下,移动相机位置拍摄得到的。在这

几张照片中,变化最大的是拍进画面的背景范围。通过对比可以看到,随着焦距变长,拍进画面的范围变窄,而且有后面的人物和前面的人物越来越近的感觉。综上所述,焦距的差异会给人的视觉带来很大的影响,能让拍摄者自由控制画面的纵深感。在实际拍摄时,我们能利用这样的特性拍摄出具有各种不同效果的照片,也能为了表现出某种特定效果,事先选择具有特定焦距的镜头。

使用广角镜头时,人物间的距离被夸大,广角镜头拉升了透视感

使用标准镜头时,人物间的距离基本和肉眼所观察到的一致

使用长焦镜头时,人物间的距离被拉近,长焦镜头压缩了透视感

图 1-95　镜头焦距影响透视

任务四
进阶练习 2——快门优先曝光模式

一、快门优先曝光模式

在快门优先曝光模式下,摄影师只需要设置快门速度,数码单反相机内部的电子测光系统会依据现场的光线,自动设置与之相匹配的光圈大小,从而得到曝光正确的照片。一般来说,曝光模式转盘上用字母"S"表示快门优先曝光模式,也有用"Tv"来表示快门优先曝光模式的。由于快门优先曝光模式是先确定快门速度,再由相机根据该设置值自动决定光圈值,因此快门优先曝光模式适合于拍摄一些具有动感的场景。快门优先曝光模式的优点在于可以拍摄运动物体的清晰影像或表现运动物体的动感。运用快门优先曝光模式拍摄的作品如图 1-96 所示。快门优先曝光模式如图 1-97 所示。

图 1-96　运用快门优先曝光模式拍摄的作品

快门优先
曝光模式

快门优先
曝光模式

图 1-97　快门优先曝光模式

1. 使用快门优先曝光模式

以佳能相机为例,先由拍摄者使用模式转盘对模式进行变换,仅需对准"Tv"位置即可。选择快门优先曝光模式如图 1-98 所示。

使用主拨盘改变快门速度的设置值,在旋转主拨盘时可通过液晶显示屏观察快门速度的变化。半按快门,相机将自动设定光圈值,确保准确曝光,最终按下快门按钮,完成拍摄。设置快门速度如图 1-99 所示。

图 1-98　选择快门优先曝光模式

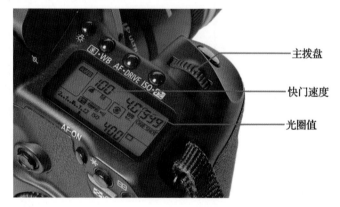

主拨盘

快门速度

光圈值

图 1-99　设置快门速度

2. 快门的定义

快门是控制感光元件曝光时间的装置,设置在数码相机的机身内,通过打开快门帘幕,可以控制光线通过的时间。在数码相机上通常用快门速度表示光线通过快门时间的长短,亦即感光时间的长短。使用主拨盘或菜单命令改变快门速度的设置值,可以控制感光元件的曝光时间。时间越短,光线越少;时间越长,光线越多。各相邻的快门速度值相差一级,进光量增(减)一倍(半)。

3. 快门的快慢

快门的快慢即曝光时间的长短,旋转数码相机主拨盘时可通过液晶显示屏观察到快门速度的变化,由 1、2、4、8、15、30、60、125、250、500、1 000、2 000、4 000 等数字表示,同时以 s 为时间单位。它们的实际值是被标定值的倒数,即 1 s、1/2 s、1/4 s、1/8 s、1/15 s、1/30 s、1/60 s、1/125 s、1/250 s、1/500 s、1/1 000、

1/2 000 s、1/4 000 s 等。拍摄运动物体时,不同的快门速度捕捉的影像是不同的,如图 1-100 所示。

使用较快的快门速度时,可以凝结运动物体影像。快门优先曝光模式(1/250 s)(吴光明 摄)

使用较慢的快门速度时,可以使运动物体影像产生流动效果。快门优先曝光 模式(1/20 s, F22)

使用较慢的快门速度时,可以使运动物体影像产生流动效果。快门优先曝光模式(1/20 s)

图 1-100　不同的快门速度捕捉的影像

4. 快门的作用

1)控制进光时间

同一光圈大小,快门时间短,进光量少;快门时间长,进光量多。快门优先曝光模式下,用不同的快门速度进行拍摄,可以看出快门时间长短决定进入相机的光线,影响照片的曝光,如图 1-101 所示。

2 s　　　　　　　　　　4 s　　　　　　　　　　8 s

图 1-101　不同的快门速度拍摄的照片

2）控制快门速度

快门速度表示光线通过快门的时间。高速快门可以凝固运动物体,从而获得清晰影像;慢速快门则可以表现出物体的动感。拍摄者可通过控制快门速度,从而自由地表现被摄体的动与静。通过快门速度表现物体的动与静如图 1-102 所示。

采用高速快门拍摄。采用1/1 000 s的快门速度,抓拍到宠物的运动,将其腾空跃起的瞬间凝固于画面中。快门优先曝光模式（F4, 1/1 000 s）

采用低速快门拍摄。采用4 s的低速快门拍摄的示例。汽车的大灯和尾灯延长为流动的光束。快门优先曝光模式(F11, 4 s)（钟铃铃　摄）

图 1-102　通过快门速度表现物体的动与静

使用快门优先曝光模式可以进行创意拍摄,拍摄出肉眼观察不到的世界:可以用较慢的快门速度把流水拍成丝绸状。慢门表现如图 1-103 所示。用较慢的快门把夜间开过的汽车车灯拍成一条条美丽的光线,可以用较慢的快门速度和跟拍技术凝固运动的人物、虚化静止的人物或物体。慢门跟拍如图 1-104 所示。

图 1-103　慢门表现　　　　　　　　　　　　　　图 1-104　慢门跟拍（钟铃铃　摄）

防 止 抖 动

　　根据快门结构的不同,其动作及系统有很大差异。数码单反相机所采用的快门形式为焦平面快门,通过两片具有遮光性的快门帘幕的动作来调节曝光时间。在成像方面,当快门速度提高时,可以将高速运动的被摄体凝固于画面中。被摄体运动之所以能够凝固于画面中,是因为在图像感应器曝光时,快门速度比被摄体的运动速度更快。而当快门速度降低时,将产生被摄体抖动的现象。被摄体抖动是快门速度相对于被摄体的运动速度过低所产生的现象。

　　但是一般在快门速度较慢时,容易拍摄到模糊的影像。图 1-105 所示的两张照片,一张是在快门速度较快时拍摄的照片,另一张则是在快门速度较慢时拍摄的照片。由于快门速度较慢,人手持相机时将产生抖动,从而造成影像模糊。

快门速度较快时拍摄的照片

快门速度较慢时拍摄的照片

图 1-105　不同快门速度产生不同的影像

二、对焦

对焦对于一幅好的照片来说至关重要,它左右着照片的好坏,是拍摄照片的基础之一。虽然对焦操作很简单,但也应掌握其基础知识,勤加练习,才能保证效果。对焦过程将决定清晰或不清晰的区域,可以选择自动对焦或手动对焦两种方式。

照片中只有一个清晰的焦点,在这一焦点之前或之后的任何物体都会显得不清晰。物体越远离焦点,就会显得越模糊。显得清晰的区域视为"对焦",而不清晰的区域显得"模糊",如图1-106所示。如果重点或所有区域都显得模糊,则视为"脱焦",如图1-107所示。

图1-106　目标区域清晰,要拍摄的主体对焦

图1-107　无清晰区域,没有任何区域对焦

1. 自动对焦的功能和操作

曾经不可靠、无法预测的自动对焦功能,现在已经完全可靠。几乎所有的数码单反相机都具有了自动对焦功能。自动对焦是使过去采用手动方式对焦的操作自动化了,数码单反相机使用自动对焦,将焦点置于理想的点位上。因此,摄影师仅需按下快门按钮就能够完成对焦,非常方便。数码单反相机通常都具备多个自动对焦点,可对位于画面中心和四周的景物进行自动对焦。如图1-108所示,用于对焦的对焦点用方格标记。对焦点显示自动对焦拍摄时的对焦位置,可通过模式切换来自动选择对焦点或手动选择对焦点。在对焦点自动选择模式下,当听到"哔哔"的提示音时,对焦位置将闪烁。另外,还可以从自动对焦点中选择任意位置进行对焦。可见,对焦本身还需要依靠拍摄者的"意识"来决定,相机并不能自动对焦在理想的部分。在理解这一前提的基础上,尝试练习对焦操作。选择自动对焦点如图1-109所示。

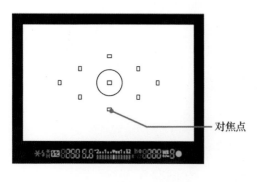

对焦点

图1-108　对焦点用方格标记

———— 四个方向键

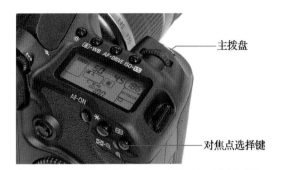
———— 主拨盘

———— 对焦点选择键

尼康相机机身背面有四个方向键，可以通过四个方向键选择自动对焦点

佳能相机可以在按住对焦点选择键的同时，通过主拨盘选择自动对焦点

图 1-109　选择自动对焦点

1）尝试选择不同的对焦位置

（1）从取景框中选择好被摄体，半按快门按钮。如图 1-110 所示，半按快门按钮后，自动对焦功能将启动，开始进行自动对焦。

（2）相机发出"哔哔"的提示音，提示已经对焦。但在对焦点自动选择模式下，无法得知到底会在哪个位置对焦，如图 1-111 所示。

图 1-110　未对焦状态

图 1-111　未对焦于希望对焦的位置

（3）如果清楚最佳对焦位置，可按下自动对焦点选择按钮，启动该功能，如图 1-112 所示。

图 1-112　按下自动对焦点选择按钮

（4）按下自动对焦点选择按钮后，所有的自动对焦点都将闪一下。自动对焦点发出红光如图 1-113

所示。

图 1-113　自动对焦点发出红光

(5)旋转主拨盘进行对焦点选择,选择顺序将循环变化,可从所有点亮的对焦点中选择一点进行对焦操作。旋转主拨盘如图 1-114 所示。

(6)在观察取景器的同时,旋转主拨盘,选择自动对焦点,在选好适当的对焦点后停止操作。移动自动对焦点的红框如图 1-115 所示。

图 1-114　旋转主拨盘　　　　　　　　　图 1-115　移动自动对焦点的红框

(7)再次半按快门按钮进行对焦,通过电子提示音及取景器内成像进行确认后,按下快门按钮。完成对焦拍摄如图 1-116 所示。

拍摄者可以把主动对焦传感器对焦区转换到取景器的不同区域。这种对焦方式可以偏离对焦中心,形成更具动感的构图。一旦习惯了快速转换自动对焦区,多点对焦功能就成了摄影师技巧的延伸。

2)在完成拍摄后恢复设置

在手动选择对焦点进行拍摄后,应恢复自动对焦点设置。当所有的自动对焦点都点亮一下后,表示成为对焦点自动选择模式。恢复设置如图 1-117 所示。也可选择中央对焦点等,以便进行下次拍摄,基本位置的选择根据个人的喜好来决定。

图 1-116　完成对焦拍摄

选择自动对焦点时，转动主拨盘，选择框将按箭头所示方向移动。中心对焦点到上面的对焦点之间为对焦点自动选择模式

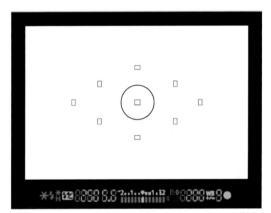

所有的自动对焦点点亮时，就表示成为对焦点自动选择模式

图 1-117　恢复设置

2. 自动对焦模式的选择

数码单反相机的自动对焦模式分为两种：单次自动对焦模式和连续跟踪自动对焦模式。使用单次自动对焦模式时，数码单反相机在合焦之后就停止自动对焦了，适合拍摄静止物体，例如风景、花卉或者人像。使用连续跟踪自动对焦模式时，数码单反相机会一直跟踪运动物体进行对焦，即便是在连拍的时候，仍然可以根据运动物体的位置变化进行自动对焦。在尼康相机上，S 代表单次自动对焦，C 代表连续跟踪自动对焦，如图 1-118 所示。

以佳能相机为例，按动 AF·DRIVE 按钮，将出现自动对焦模式，旋转主拨盘选择自动对焦模式。ONE SHOT 代表单次自动对焦，AI FOCUS 代表人工智能自动对焦，AI SERVO 代表人工智能伺服自动对焦。

自动对焦模式如图 1-119 所示。

图 1-118　在尼康相机上，C 代表连续跟踪自动对焦，S 代表单次自动对焦，M 代表手动对焦

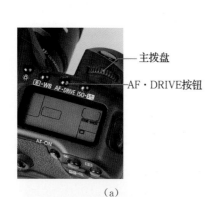

主拨盘

AF·DRIVE按钮

（a）

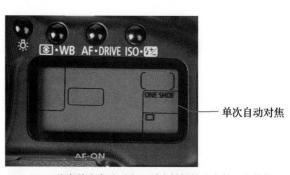

单次自动对焦

ONE SHOT代表单次自动对焦，适合拍摄静止主体，半按快门按钮时，相机会实现一次对焦

（b）

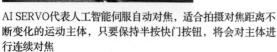

人工智能伺服
自动对焦

AI SERVO代表人工智能伺服自动对焦，适合拍摄对焦距离不断变化的运动主体，只要保持半按快门按钮，将会对主体进行连续对焦

（c）

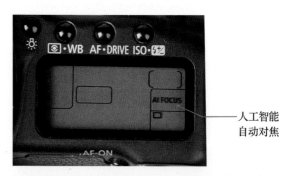

人工智能
自动对焦

AI FOCUS代表人工智能自动对焦，可自动切换自动对焦模式。如果静止的主体开始移动，人工智能自动对焦将自动把自动对焦模式从单次自动对焦切换到人工智能伺服自动对焦

（d）

图 1-119　自动对焦模式

3. 手动对焦的功能和操作

拍摄特殊场景时,自动对焦可能无法对焦。场景如下:反差小的主体,如蓝天、色彩单一的墙面等单色场景;低光照下的主体;强烈逆光和强烈反光的主体,如车身反光强烈的汽车等;远近物体重叠,如笼中的动物等;重复的图案,例如摩天高楼的窗户、计算机键盘等。

如果自动对焦无效,需要切换至手动对焦,或者当自动对焦点难以符合拍摄意图时,可以使用手动对焦模式。自动对焦与手动对焦拍摄的不同影像如图 1-120 所示。摄影镜头或机身上的"AF"代表自动对焦,"MF"代表手动对焦。如图 1-121 和图 1-122 所示,一些镜头可以让摄影师旋转对焦环进行手动对焦,而无须切换至 MF。

由于人物前面有花朵,自动对焦选择了较近的花朵作为对焦点。花朵是清楚的,人像是模糊的

使用手动对焦后,将对焦点对准花朵后方的人物,此时人像清楚,同时花朵被完全虚化了

图 1-120　自动对焦与手动对焦拍摄的不同影像

图 1-121　"AF"代表自动对焦,"MF"代表手动对焦

图 1-122　在尼康 AFS 镜头上,"A"代表自动对焦,"M"代表手动对焦

三、白平衡

光线具有颜色,例如荧光灯的光偏绿色,钨丝灯的光偏红色或橘色。人的眼睛已经对不同颜色光线下的物体的彩色还原有了适应性,无论在何种光源下,白色物体均呈现白色。与人眼不同,在不同颜色的光照下,数码相机无法自动调整、补偿变化,这会导致数码相机彩色还原失真。

白平衡是数码相机上的一个重要设置。所谓白平衡,就是数码相机在任何光源下,以画面中的白色物体为参照,对白色进行色彩修正,将白色物体还原为白色。在大多数情况下,白色得到了准确的还原,其他色彩也就可以得到相对正确的表现。针对在特定光源下拍摄时出现的偏色现象,通过加强对应的补色来进行补偿。

1. 选择白平衡

以佳能相机为例,拍摄者按下 ⊙·WB 按钮,液晶显示屏上将显示当前白平衡设置;使用速控转盘改变白平衡的设置值,在旋转速控转盘时可通过液晶显示屏观察到白平衡图标的变化;可依据现场环境光或理想的效果选择合适的白平衡。选择白平衡如图 1-123 所示。

图 1-123 选择白平衡

2. 白平衡的种类和效果

1) ☀ 日光

以正午的日光下获得的色彩作为色彩再现的标准。在此模式下的拍摄会体现物体在正午日光下呈现的色彩效果,可用于室外拍摄用途广泛的白平衡。图 1-124 所示的照片是在日光下拍摄的,仅改变了白平衡的设置(各种白平衡下的照片所产生的偏色显示出补偿时的补色)。

2) 🏠 阴影

在晴天室外日光阴影下进行正确显色。由于天空是蓝色的,日光下投射的阴影会呈现微蓝色,此模式会消除在阴影下拍摄时的淡蓝色,在晴天日光下使用时,色调会略微偏红。阴影模式拍摄的照片如图 1-125 所示。

3) ☁ 阴天

用于没有太阳的阴天天气。阴天时的天空,蓝色会比晴天时稍重。此模式会稍微增加一些黄色调来补偿蓝色调,但比阴影模式的补偿力度稍小一些。阴天模式拍摄的照片如图 1-126 所示。

图 1-124　日光模式拍摄的照片

图 1-125　阴影模式拍摄的照片

图 1-126　阴天模式拍摄的照片

4) 钨丝灯

一般的钨丝灯会发出橙黄色的光。对钨丝灯的色调进行补偿的白平衡,可抑制钨丝灯光线偏红的特

性。钨丝灯模式拍摄的照片如图 1-127 所示。

图 1-127　钨丝灯模式拍摄的照片

5) 荧光灯

　　肉眼所看到的荧光灯下的颜色是正常的。但是对于相机来说,这时的颜色偏绿。此模式是对白色荧光灯的色调进行补偿的白平衡,可抑制白色荧光灯光线偏绿的特性。荧光灯模式拍摄的照片如图 1-128 所示。

图 1-128　荧光灯模式拍摄的照片

6) ⚡ 闪光灯

　　虽然闪光灯类似于阳光,但它还是带有一点蓝色调,此模式会对偏蓝色的闪光灯光线进行补偿。补偿的倾向与阴天模式非常近似。闪光灯模式拍摄的照片如图 1-129 所示。

7) **AWB** 自动白平衡

　　自动设置白平衡,以获得最佳的色彩再现。在一般用途下设置这一模式,可对所有光源的特有颜色进行自动补偿,对多种混合光源也有补偿效果。自动白平衡模式拍摄的照片如图 1-130 所示。

图 1-129　闪光灯模式拍摄的照片

图 1-130　自动白平衡模式拍摄的照片

8）用户自定义

事先对现场的光线进行测量（拍摄），然后用该数值进行补偿的白平衡，没有特定的补偿倾向。用户自定义模式拍摄的照片如图 1-131 所示。

9）色温

较高级的数码相机提供了色温设定白平衡模式，色温模式是将色温数值输入相机的白平衡。色温设定白平衡可以更加精确地还原色彩。色温模式拍摄的照片和色温模式如图 1-132 所示。

3. 色温

为了更好地理解色温设定对白平衡的影响，首先要了解色温的概念。色温是对光源的色彩属性的量化参数，用数值来表示颜色。例如，蜡烛的色温是 1 900 K，钨丝灯的色温是 3 200 K，阳光的色温是 5 200 K，阴天的色温是 6 000 K。色温越低，则光源越偏橙红色；色温越高，则光源越偏青蓝色。当色温设定得高于

图 1-131　用户自定义模式拍摄的照片

10 000 K　　　　2 500 K

图 1-132　色温模式拍摄的照片和色温模式

光源色温时,照片偏橙红色;当色温设定得低于光源色温时,画面偏青蓝色。采用色温模式需要使用专用的色温表,如图 1-133 所示。

4. 白平衡的作用

1)对光线颜色的影响进行补偿,获得准确的色彩再现

在摄影过程中看到不同类型的光线影响着照片中的色彩,就可以理解白平衡的必要性。数码相机预设了几种光源的色温来满足不同的光源要求。一般家用数码相机有日光(色温约 5 200 K)、阴影(色温约 7 000 K)、阴天(色温约 6 000 K)、钨丝灯(色温约 3 200 K)、荧光灯(色温约 4 000 K)、闪光灯(色温约 6 000 K)几种模式,摄影者只要设定在相应的白平衡位置,就可以得到自然色彩的准确还原,而且数码相机还有自动白平衡设置。自动白平衡非常适合在任意类型的照明条件下获得自然效果的色彩,可以适应大部分光源色温。

2)对光线颜色的影响进行偏移,进行特殊的色彩效果表现

在拍摄过程中也可以设置白平衡模式来进行特殊的色彩效果表现。白平衡本身总是力图实现正确的色调再现,但对于照片来说,数据上正确的色调并不总是我们所需要的。有时候可以有意识地对白平衡进行偏移,以获得理想的表现效果。白平衡也具有相当于彩色滤镜的功能。一般使用时选择自动白平衡(AWB)就足够了,但在特定条件下如果色调不理想,可以选择使用其他的各种白平衡选项。白平衡的表现效果如图 1-134 所示。

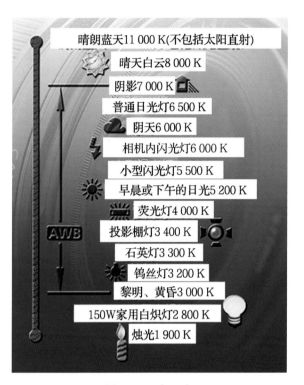

图 1-133　色温表

图 1-134　白平衡的表现效果

任务五
提升练习 1——手动曝光模式

一、手动曝光模式

手动曝光模式就是光圈、快门值都由拍摄者自己调节,不拘泥于相机的自动模式。手动曝光模式能让拍摄者最大限度地支配相机,拍摄者可以完全控制光圈和快门的组合,让相机按拍摄者的想法去拍摄。比如在摄影棚里进行拍摄时,拍摄者必须用测光表在拍摄现场进行测光,然后使用数码单反相机的手动曝光模式,分别对光圈和快门进行设置,从而在数码单反相机的闪光灯闪光的时候能得到曝光正常的照片。手动曝光模式几乎适合各种复杂的拍摄环境——大量的白背景、大量的黑背景、高反差的拍摄对象等。由于这些场合的综合亮度往往与反射率为 18％的灰有较大差距,如果使用自动曝光模式,将出现曝光失误;若换成手动曝光模式,就能够获得精确曝光。

1. 使用手动曝光模式

以佳能相机为例,首先由拍摄者使用模式转盘对曝光模式进行变换,仅需对准"M"位置即可。运用手动

曝光模式拍摄的照片如图 1-135 所示。选择手动曝光模式如图 1-136 所示。

图 1-135 运用手动曝光模式拍摄的照片(杨亮 摄)

图 1-136 选择手动曝光模式

使用主拨盘改变快门速度的设置值,在旋转主拨盘时可通过液晶显示屏观察快门速度的变化。使用速控转盘设置光圈值,在旋转速控转盘时可通过液晶显示屏观察光圈值的变化。设置快门速度、设置光圈值分别如图 1-137 和图 1-138 所示。

图 1-137 设置快门速度

图 1-138 设置光圈值

半按快门时在取景器和液晶显示屏上将显示曝光设置。液晶显示屏上有一个以"0"为中心的坐标,一边为正,另一边为负,下端为一个活动的光标。光标出现在正数一边,说明现有的光圈、快门和感光度会导致影像曝光过度;光标出现在负数一边,说明现有的光圈、快门和感光度会导致影像曝光不足。根据具体数字,可以看出过度或不足多少挡,检查曝光量,并设置好合适的快门速度和光圈值,最终按下快门按钮,完成拍摄。观察曝光设置如图 1-139 所示。

2. 曝光的原理

摄影需要通过相机来控制光,通过合适的曝光和构图来获得理想的作品。如果想要得到一张色彩漂亮、明暗分明的照片,就要让图像感应器得到适当的曝光。曝光是感光元件受光作用的过程。照片的亮度由图像感应器所接收的光的总量决定。曝光的原理如图 1-140 所示。

图 1-139　观察曝光设置

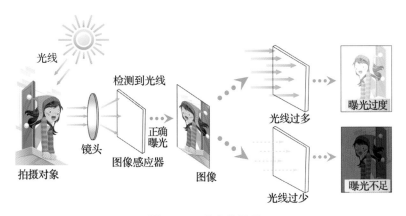

图 1-140　曝光的原理

3. 曝光适当

通常所说的曝光适当是指采用合适的光量进行拍摄,获得视觉效果良好的亮度。曝光适当的标准实际上与拍摄者的拍摄意图有着非常密切的联系。但是在拍摄者并未有意识地使画面较明亮(或较暗)的情况下,适当曝光通常会自然而然地落在一定亮度范围内。亮度大幅超出该范围时被称为曝光过度,具体表现是影像的亮部一片死白,无法看出其中的细节,照片整体比实际景物要亮,曝光过度损失了亮部的细节。相反的情况称为曝光不足,因为光照不足,导致整个影像晦暗,暗部一片死黑,细节丢失。所以在拍摄时应始终采用合适的曝光。在理解了曝光适当的基础上,再尝试有意识地使画面更亮(高调)或更暗(低调)的表现手法。曝光是决定照片最终效果的关键因素,应熟练、牢固掌握。曝光过度、曝光适当和曝光不足的照片如图 1-141 至图 1-143 所示。

图 1-141　曝光过度的照片(部分　　图 1-142　曝光适当的照片(明暗　　图 1-143　曝光不足的照片(主体
　　　　　高光较大面积反白,亮　　　　　　　合适,影调丰富,具有　　　　　　　偏暗偏灰,暗部与中灰
　　　　　部失去层次)　　　　　　　　　　　层次感)　　　　　　　　　　　反映不出层次的变化)

4. 曝光组合

拍摄时为了使照片获得适当的曝光量,相机是通过光圈大小和快门速度的相互配合来达到的,这种相互配合即称为"曝光组合"。光圈和快门起到了曝光量"调节阀"的作用。光圈表示光孔的大小,快门速度相当于光线持续的时间。光量可用光圈调节,曝光时间可用快门控制,可分别通过对两者进行调节来控制光线通过量,也就是说,感光度一定的条件下,光圈和快门的组合能很好地控制照片曝光。在这里使用 EV(曝光值)表示曝光量的大小。

曝光值的计算公式为

EV(曝光值)＝光量(光圈容许进入的光线强度)×时间(快门允许光线进入的时间长短)

一个完整的曝光程序,是由光圈的大小及快门的时间搭配组合而成的。为了获得合适的曝光,需要对两者进行联动调节,可采用高速快门配合大光圈以得到正确的曝光,也可采用低速快门配合小光圈来获得同样的曝光。光的强弱和曝光时间的长短,两者之间成反比,可以相互"倒易",所以称为"倒易律"。

图 1-144 所示为获得相同曝光量所需光圈值及快门速度的对应关系。单从得到合适曝光的角度来看,不管是通过扩大光圈、提高快门速度,还是通过缩小光圈、降低快门速度,所得到的曝光量均相同。

图 1-144　获得相同曝光量所需光圈值及快门速度的对应关系

因而同一曝光量同时可以有多种曝光组合:放大一挡光圈,同时加快一挡快门;或者缩小一挡光圈,同时放慢一挡快门。这是一种此消彼长的关系,放大或缩小几挡光圈,就要相应地加快或放慢几挡快门,这样才能维持曝光量适当,保证画面质量。拍摄时选择哪级光圈,取决于对景深大小的要求,以及拍摄者对画面效果的预见;选择哪级快门速度,取决于被摄对象是运动的还是静止的,以及拍摄者希望获得的画面效果等。综上所述,只有兼顾了上述因素的曝光组合,才是正确的曝光组合。

> 小贴士

曝光组合可以用打开水龙头用水杯接水来形象地比喻,如图 1-145 所示,水龙头出水大小的控制就好像是光圈允许光照在单位时间内进入相机多少的控制,满杯的水为曝光适当。水龙头开大点,那么接满一杯水所需要的时间就可以短一点;如果水龙头开小点,那么相应地接满一杯水所需要的时间就会长一点。而接满一杯水时间的长短就是快门速度的快慢。

5. 何时使用手动曝光模式

手动曝光模式是由拍摄者根据自身判断确定快门速度和光圈值的拍摄模式。当使用光圈优先曝光模式和快门优先曝光模式都无法很好地拍摄某个题材时,就需要使用 M 全手动模式来拍摄了。

手动曝光模式在使用大型闪光灯对光线进行调整的摄影棚及不希望受相机内置测光表影响的情况下使用,一般也经常应用于夜景摄影和运动摄影。

必须使用手动曝光模式的拍摄题材如下。

(1)焰火摄影,需要将光圈设置在 F8～F16 范围内,快门速度设置为 1～2 s 或 B 门。

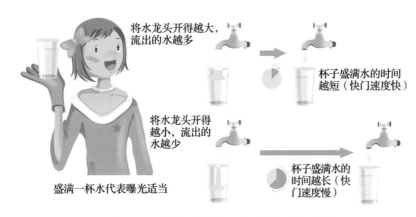

图 1-145　曝光组合和打开水龙头用水杯接水

（2）闪电摄影,需要将光圈设置在 F8～F16 范围内,快门速度设置为 30 s 或 B 门。

（3）车灯轨迹摄影,需要将光圈设置在 F11～F22 范围内,快门速度设置为 30 s 或 B 门。

（4）摄影棚内采用闪光灯摄影时,需要根据闪光灯的强度设置光圈的大小,通常将光圈设置在 F8～F16 范围内,快门速度设置为 1/125 s 或 1/60 s。

焰火摄影如图 1-146 所示,闪电摄影如图 1-147 所示,车灯轨迹摄影如图 1-148 所示,影室闪光灯摄影如图 1-149 所示。

图 1-146　焰火摄影

图 1-147　闪电摄影

图 1-148　车灯轨迹摄影

图 1-149　影室闪光灯摄影

6. B 门

在快门速度中 B 门是手控的一种快门速度,手按下时开始曝光,手松开时曝光停止,一般在三脚架上使用。这挡快门速度最适合在暗弱的光线下或夜晚拍摄,如拍摄焰火、闪电、夜景和正在街道上行驶的汽车等。要想构成移动照明图案的效果,就应当使用小光圈和长时间的快门速度,而 B 门可以说是最佳的拍摄挡。这挡快门速度在摄影创作中是最灵活的一挡快门速度,可以根据创作意图和现场情况进行多次曝光、长时间或短时间曝光。采用 B 门拍摄"光绘"如图 1-150 所示。

图 1-150　采用 B 门拍摄"光绘"(钟铃铃　摄)

二、ISO 感光度

1. ISO 感光度的设置

以佳能相机为例,拍摄者按下 ISO 按钮,液晶显示屏上将显示当前 ISO 感光度,如图 1-151 所示。

使用主拨盘改变 ISO 感光度的设置值,在旋转主拨盘时可通过液晶显示屏观察 ISO 感光度的变化。根据现场环境的光照水平设置合适的 ISO 感光度,如图 1-152 所示。

图 1-151　ISO 感光度

图 1-152　设置 ISO 感光度 1

2. ISO 感光度的定义

ISO 感光度作为相机术语,得到了广泛使用。ISO 是 International Organization for Standardization 的缩写,是国际标准化组织的英文简称。ISO 规定的胶片(图像感应器)对亮度的敏感程度,用 ISO 100、ISO 400 这样的数值进行表示。对数码相机而言,所谓的 ISO 感光度就是指数码相机感光元件对光线的敏感程度。

3. ISO 感光度的大小

ISO 感光度的大小就是指对光线敏感程度的高低,旋转数码相机主拨盘时可通过液晶显示屏观察到 ISO 感光度的变化,由 50、100、200、400、800、1 600、3 200 等数值组成。ISO 数值越大,感光度越高,拍摄时所需要的光线就越少;相反,ISO 数值越小,感光度越低,拍摄时所需要的光线就越多。感光度的大小如图 1-153 所示。

ISO 感光度增加一倍,感光能力增加一倍,也就是说,ISO 200 的感光能力是 ISO 100 的两倍,同样,ISO 1 600 的感光能力是 ISO 800 的两倍。

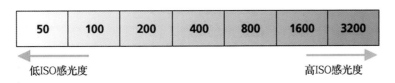

图 1-153　感光度的大小

4. ISO 感光度的作用

1)控制曝光量

ISO 感光度可以控制曝光量。ISO 感光度与光圈和快门不同,它不是一个具体的元件,而是一个抽象的指标。之前介绍过光圈与快门都能控制进光量,而感光度会影响相机对光的敏感度,也就会影响快门与光圈的使用。通常情况下,增加一挡 ISO 感光度,光圈就可以缩小一挡,或者快门可以加快一挡;相反,减小一挡 ISO 感光度,光圈就可以放大一挡,或者快门可以放慢一挡。ISO 感光度可根据画面效果的要求来调整。感光度的提高可以缩短曝光时间。

> **小贴士**

杯子的大小如同图像感应器的敏感度,如图 1-154 所示。杯子越大,装满水需要的时间就会越长(敏感度低);而杯子越小,装满水需要的时间就会越短(敏感度高)。相同的道理,ISO 感光度越低,获得准确曝光所需要的时间就越长;ISO 感光度越高,获得准确曝光所需要的时间就越短。

2)控制照片品质

提高感光度可以帮助我们在昏暗场景拍摄时不需要借助闪光灯或者大光圈的镜头来辅助。不过它也有缺点,就是感光体的感光度越高,所拍摄出来的图片粒子就会越粗糙,画面的噪点就会越多,照片的品质就会相应降低。

当采用高 ISO 感光度时,有时会发现图像上有粗糙颗粒出现,这些颗粒就是噪点。提高 ISO 感光度,必

须对信号进行电子放大增幅,在这个过程中数码相机的图像感应器所产生的杂质信号就是噪点。

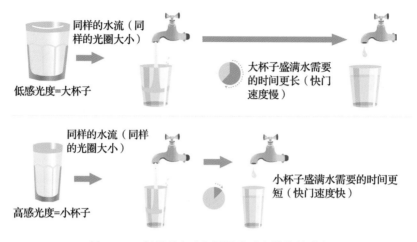

图 1-154　杯子的大小如同图像感应器的敏感度

局部放大画面,可以见到提高感光度之后对画面产生的负面影响。一般正确的曝光,低感光度可获得层次丰富而细腻的影像。如果拍摄者要求画面的细致度及高品质,在拍摄时就使用低感光度,尽量不要使用高感光度。如果因为光线不足而要补光或者延长拍摄时间,可使用闪光灯或者三脚架来进行拍摄。从同一位置进行拍摄,仅改变 ISO 感光度,并对局部进行放大显示,在 ISO 1 600 的图像中墙壁部分出现的粗糙点就是噪点,如图 1-155 所示。

图 1-155　不同 ISO 感光度时的照片

三、直方图(柱状图)

在了解曝光和测光的内容之后,在实际的拍摄中,需要拍摄者随时观察得到正确的曝光。可是取景器和 LCD 液晶取景屏,都受到本身亮度、色彩饱和度及锐度等显示特性的限制,在对图像的表现上总会与实际存在一定的差异,这就直接影响拍摄者对照片明暗程度(曝光量)的准确判断和选择。直方图能够解决这个问题,拍摄者通过观察直方图,可以准确地了解整体的曝光倾向和亮度的偏差。

1. 显示相机中的直方图

按下回放按钮,显示器上将显示拍摄的图像;然后再按下信息按钮,切换显示的信息,在显示器上将显示直方图等拍摄信息。显示直方图如图 1-156 所示。

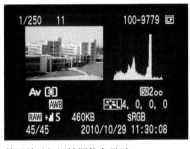

信息按钮
回放按钮

数码单反相机拍摄信息显示　　　　小型数码相机拍摄信息显示

图 1-156　显示直方图

2. 直方图的定义

直方图是用于表示统计分布的术语,在数码相机中是指表示图像的亮度分布的图。直方图用于确认照片整体的曝光情况。在一张照片的直方图中,横轴代表的是图像中的亮度,由左向右,从全黑逐渐过渡到全白;纵轴代表的则是图像中处于这个亮度范围的像素的相对数量。在这样一个二维坐标系上,我们可以对一张图片的明暗程度有一个准确的了解。直方图图例如图 1-157 所示。

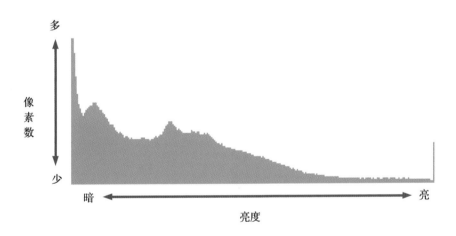

图 1-157　直方图图例

3. 直方图与图像的亮度

1)曝光适当

表示亮度的直方图横轴上的波峰基本在中心位置,波峰形态也很规则,表示曝光正常,图像内没有明显的亮度差异。从数据角度看照片的话,该波形说明数值状态良好,易于进行后期编辑修正。但并不是说在所有条件下波形都会均匀分布,这里只是举出一个接近理想状态的亮度分布例子。曝光适当的照片如图 1-158 所示。

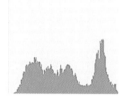

图 1-158　曝光适当的照片

2)曝光不足

曝光不足时,波峰向左方大幅倾斜,表示昏暗部分较多,相反,右方的明亮数据部分较少,照片本身也同时体现出这一倾向。出现这种图形时,应进行正方向补偿,使波峰靠近直方图的中心部分。波峰的高度表示数据的量,图 1-159 中表示图像信息的波峰大部分集中在昏暗部分。

图 1-159　曝光不足的照片

3)曝光过度

曝光过度时,直方图整体向右方大幅偏移。本来蓝色的天空完全变成了白色,图像感觉也有点虚。图 1-160 中,右端的高峰是完全白色的天空等部分,在这种曝光过度的情况下,左侧的暗色部分已经完全没有数据存在了,这说明曝光已经相当过度了。

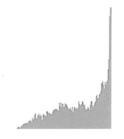

图 1-160　曝光过度的照片

4. 根据直方图数据读取所需的必要信息

像前面所说的一样,直方图是对图像整体亮度进行统计学显示,即使其分布均匀,也不能绝对地说曝光就一定正确、合适。拍摄白色沙滩上的白色冲浪板时,即使直方图极端偏右也正常;相反,如果光凭直方图来判断夜景时的曝光,波峰会向左方偏移得十分厉害,感觉整个图像都是亮部缺失。这时最重要的是明确要从直方图中读取什么内容,只要能确认是否有暗部缺失或高光溢出等必要信息,就不必对图形整体分布趋势过于敏感。直方图作为用于确认无法预测的高光溢出或暗部缺失的手段使用,也就是说,并不是直方图中波峰居中且比较均匀的图像才是曝光合适的,判断一张图像的曝光是否准确,关键还是看它是否准确地体现出拍摄者的意图。

任务六
提升练习 2——程序自动曝光模式

一、程序自动曝光模式

程序自动曝光在模式转盘上是用字母"P"来表示的,所以程序自动曝光模式通常被摄影爱好者称为"P挡"。程序自动曝光模式会根据被摄现场的光照条件提供一个最适合的拍摄数据给拍摄者。拍摄完成后,相机会根据下一个拍摄现场测出一个新的数据。

使用程序自动曝光模式,拍摄者可以根据自己的要求改变既定的光圈、快门组合。例如在光线充足的地方拍人像,使用"P挡",相机提供的曝光组合为1/125 s、F8,如果拍摄者认为光圈太小不利于背景虚化,可以将光圈调为F4,而相机会自动将快门速度修改为1/500 s,同时诸如感光度、白平衡等功能设置可以由拍摄者来控制。程序自动曝光模式跟全自动曝光模式的区别在于前者可以改变既得数据,而后者不行。在紧急抓拍的情况下,可以使用程序自动曝光模式。运用程序自动曝光模式拍摄的照片如图1-161所示。

图1-161 运用程序自动曝光模式拍摄的照片(杨亮 摄)

1. 使用程序自动曝光模式

以佳能相机为例,首先由拍摄者使用模式转盘对曝光模式进行变更,仅需对准"P"位置即可。使用主拨盘改变快门速度和光圈的组合,可通过液晶显示屏观察到快门速度和光圈值的变化。选择程序自动曝光模式如图1-162所示。

图1-162 选择程序自动曝光模式

2. 使用闪光灯

在拍摄实践中,有时会因为没有充足的光线而无法拍摄出需要的照片。虽然可以通过延长相机的曝光时间对昏暗的光线进行补充,但这种方法只适合拍摄静止的被摄体。这时电子闪光灯可以帮助拍摄者在环境照明不足或逆光时进行拍摄。

1)内置闪光灯

这类闪光灯指数较低,一般只能在1~2 m的范围内使用。使用时按下闪光灯弹出按钮,内置闪光灯将自动弹起并在拍摄时使用内置闪光灯补光。内置闪光灯如图1-163所示。

图 1-163 内置闪光灯

2）热靴外置闪光灯

外置闪光灯的输出功率比机顶内置闪光灯的输出功率大，并且为了取得较好的造型光，在镜头和闪光灯之间增加了角度，拍摄者能够通过倾斜或转动灯头改变光线的方向，使光线从墙面、天花板或反光板反射到被摄体上。热靴外置闪光灯如图 1-164 所示。

图 1-164 热靴外置闪光灯

二、测光

正确的曝光是拍出漂亮照片的前提，而要做到正确曝光，需要以正确测光作为前提。测光，就是对被摄体的受光情况做一次测量。要得到一次正确的曝光，通常都是由数码相机内设的测光表来帮助我们计算合适的光圈、快门组合的。数码相机具备多种测光模式，而测光表通过这些不同的测光模式，将所测得的现场光平均成 18% 的中间灰，然后调配光圈、快门，从而达到正确曝光的目的。

1. 测光模式的选择

以佳能相机为例，拍摄者按下测光模式按钮，液晶显示屏上将显示当前测光模式。选择测光模式如图 1-165 所示。使用主拨盘选择合适的测光模式，在旋转主拨盘时可通过液晶显示屏观察到测光模式图标的变化。按照拍摄环境选择合适的测光模式。

2. 测光模式的分类

测光模式是测定被摄体亮度的方式。测光模式根据测光范围的不同分为各种模式，具有各自的特征。

为了获得正确的曝光,需要了解其各自的特征,进行区分使用。测光模式的分类如图 1-166 所示。

图 1-165 · 选择测光模式

图 1-166 测光模式的分类

1)  评价测光

评价测光(见图 1-167)又称多区测光,这种测光方式的实质其实就是将整个画面划分成多个区域,然后各自使用独立的测光元件进行测光,再由相机内部的微处理器进行数据处理,以求得合适的曝光量。评价测光是针对大多数相机的标准测光模式,广泛用于从风景到抓拍的多种场景。对画面整体的亮度进行平均测定,是对大多数主体有效的通用测光模式。一般来说,不同厂家生产的相机所使用的模式和名称都会有所不同,比如佳能的评价式测光、尼康的 3D 矩阵式测光、美能达的蜂巢式测光、宾得的六幅面区域测光等。

2) 局部测光

局部测光是对取景器中央测量灰色圆形部分的光亮,测光范围相对较窄。在场景具有明暗区域,使用评价测光很难准确测光时,可以使用此模式。局部测光将大部分测光都限于一个很小的目标区域内。局部测光如图 1-168 所示,它主要用于同时具有明显的明暗区域的逆光场景,也可用于拍摄人像特写。

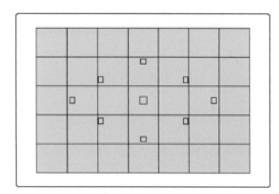
图 1-167 评价测光

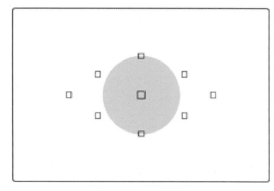
图 1-168 局部测光

3) 中央重点平均测光

相机会把测光偏重于取景器中央,然后平均到整个场景,类似于局部测光模式,但对周围的光线也有一定的反应。目前,许多数码单反相机都会具备这种测光模式。使用这种测光模式的优点是,当画面出现高反差或色彩迥异的情况时,相机会对多个区域进行测光,并根据拍摄者的需要,对某个区域进行重点测光,然后进行加权平均,这样所获得的图像很少会有某个区域欠曝或过曝的问题出现。对于一些重点主体部位,图像能很清晰地反映出来。中央重点平均测光尤其适用于被摄体位于中央位置的情况。中央重点平均测光如图 1-169 所示。

4) ▣ **点测光**

点测光是仅对取景器中央灰色圆形内的亮度进行测量,是比局部测光更小的区域测光。点测光以画面中央很小一部分的景物亮度为主,它不受画面其他部分亮度的影响。点测光(见图 1-170)的特点是能根据不同的景物准确地测出局部曝光数据,可用于仅希望对人物面部亮度进行测光的场景。但是利用点测光作为高精度的曝光控制,达到最佳效果,还需要依赖拍摄经验。

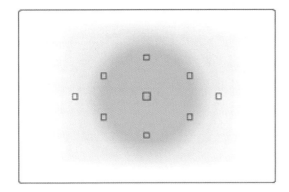

图 1-169　中央重点平均测光

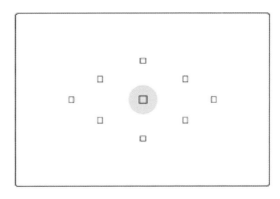

图 1-170　点测光

3. 对同一场景更改测光模式会改变曝光

采用评价测光模式拍摄的照片如图 1-171 所示。

采用点测光模式拍摄的照片如图 1-172 所示。

图 1-171　采用评价测光模式拍摄的照片
　　　　　（评价测光由于是平均计算画
　　　　　面整体的亮度,在本场景中
　　　　　人物变暗了）

图 1-172　采用点测光模式拍摄的照片
　　　　　（采用测光范围较小的点测光
　　　　　模式仅对人物的亮度进行测光,
　　　　　将更容易得到恰当的曝光）

> **小贴士**

根据场景使用不同的测光模式

测光模式根据其种类的不同,测光范围和适应性也有所区别。最常见的是评价测光模式,对画面整体进行分割测光,根据其测光值采用高级算法计算,转换得到曝光值。测光范围最狭窄的是点测光模式,只对限定部分的亮度进行测量。可以根据以哪部分的亮度为标准来区别使用各种测光模式。如果是一般的风光摄影,选择评价测光模式拍摄比较方便;但如果是光影复杂交错的场景,使用点测光模式是比较好的选择。摄影往往所面对的不是一个单纯的被摄体,而是一个场景,这个场景有大有小,受光一致时也有光差,因此必须考虑主要想表现的重点。使用哪种测光模式完全取决于摄影者本人,在实际使用中,摄影者必须加入对实际影调的分析,并且做出相应的调整,只要能够获得自己希望的亮度,那么这种方法就可以说是最佳的选择。

三、数码相机常见的存储格式与画质

1. 常见的存储格式

照片的存储格式有JPG(见图 1-173)、TIFF(见图 1-174)、RAW(见图 1-175)、NEF(见图 1-176)四种基本格式。

标头.jpg

标头.tif

IMG_8482.RAW

_DSC0240.NEF

图 1-173　JPG 文件格式　　图 1-174　TIFF 文件格式　　图 1-175　RAW 文件格式　　图 1-176　NEF 文件格式

下面就前三种存储格式进行介绍。

1)JPG

JPG 文件格式是 Joint Photographic Experts Group(联合图像专家组)的缩写,文件的后缀名是. jpg。JPG 文件格式是数码相机用户最熟悉的存储格式之一,几乎所有的图像软件都可以打开它。它主要针对彩色或灰阶的图像进行大幅度的压缩。JPG 文件格式作为使用最为广泛的图像有损压缩算法,支持不同的压缩比率。JPG 文件格式的优势就是存储速度快、拍摄效果好、兼容性好,缺点是存储品质较差,对于那些不过于追求图像品质的用户来说是个很好的选择。

2)TIFF

TIFF 文件格式是 tagged image file format(标签图像文件格式)的缩写,文件的后缀名是. tif,其能最大限度地满足出版印刷的要求,是现阶段印刷行业使用最广泛的文件格式。TIFF 文件格式是一种非失真的压缩格式,文件可完全还原,能保持原有图像的颜色和层次。TIFF 文件格式的优点是图像质量好、文件品质高、兼容性比 RAW 文件格式好,缺点是存储时间长和图像处理速度相对较慢,文件数据量庞大,占用空间大。目前许多消费级的数码相机都带有 TIFF 文件格式拍摄功能。对于出版来说,从使用数码相机拍摄到后期处理,通常用 TIFF 文件格式。

3)RAW

严格来说 RAW 文件格式并非一种图像格式,不能直接编辑。RAW 是相机的 CCD 或 CMOS 在将光信号转换为电信号时的原始数据的记录,单纯地记录了数码相机内部没有进行任何处理的图像数据,将其存储下来。存储的文件未经处理,也未经压缩,可以把 RAW 形象地称为"数码底片"。RAW 文件格式的优点是无损压缩,读取的是影像传感器上的原始记录数据,文件量小,品质高,在后期处理中可控范围更大;缺点是由于各厂家 CCD/CMOS 的排列和转换方式不同,RAW 的记录方式也不同(如 NEF),只有通过厂家提供的转换程序专业软件转换成通用图像格式,才能被图像处理软件接受。因为想通过"底片"获得完美的照片是需要后期"电子暗房"工作支持的,因此后期工作量大。尼康将保存成 RAW 文件格式的影像称为"NEF"档案(Nikon electronic format,尼康公司独有的文件格式,RAW 文件的另一种形式)。

2. 画质

画质是指影像处理器所生成图像数据的质量。数码相机的像素数和压缩率是决定照片最终效果的重要因素。使用数码相机时可以自由选择照片的格式和图像的尺寸。

数码图像就是"像素"的集合体。像素是构成图像的最小单位。一个像素仅为附带颜色的一个点,众多这些点的集合就可以表现出形状、层次和色彩变化。像素如图 1-177 所示。

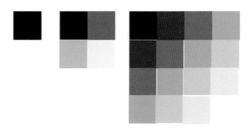

图 1-177　像素

所谓数码相机的像素数,简单来说就是决定图像大小的数字。通常情况下,数字越大,就越能够以更多的像素来拍摄更大尺寸的图像。像素数较低时几乎无法辨别所拍为何物,随着像素数的增加,分辨力随之提高,被摄体就清晰可见了,可根据照片用途选择合适的拍摄画质。

将低像素拍摄的照片放大,如图 1-178 所示,斜线会出现锯齿,照片整体失去锐度。相反,以高像素拍摄的照片可以通过计算机等缩小其尺寸,可以有多种用途。

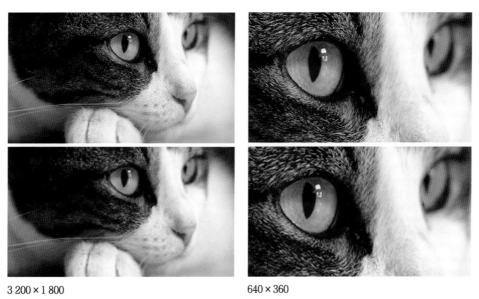

3 200×1 800　　　　　　　　640×360

图 1-178　将低像素拍摄的照片放大

Shuma Sheying Jichu

项目二
运用自然光线拍摄

任务一
风光摄影训练

拍摄风景照片和在一张空白画布上绘画有异曲同工之妙。眼前是一整片壮丽的景色,但是如何截取、如何表现就是创作者的自由了。在决定画面构图之后,再使用必要的摄影技术,就能拍摄出和构思一致的照片。和绝美的景色邂逅有可能只是一种偶然,但将其真实地记录在照片上则需要冷静的判断能力。风光摄影作品如图2-1所示。

图 2-1　风光摄影作品(齐镇宇　摄)

一、决定主体,用变焦调整构图

拍摄风景照片时,不要茫然地随便乱拍,而要在风景之中找到画面主体。一幅摄影作品,要有一个明确的中心内容,有一个主体或者趣味中心。取景不能过于杂乱,要强调和突出主体。舍弃一些无关的景物,并适当地安排构图来烘托主体,画面简洁,主次分明,从而使画面更具吸引力。为了控制构图,可以使用广角镜头到远摄镜头的各种镜头进行拍摄,如图2-2所示。

图 2-2 使用广角镜头到远摄镜头的各种镜头进行拍摄(郑邦兴 摄)

二、尽量让画面保持水平或垂直

拍摄者应该尽量避免拍摄出画面倾斜的风景照片。天水交接的线称为水平线。水平线需要保持平衡,倾斜的水平线会给人地动山摇的感觉,所以拍摄的时候应该尽量把水平线放平。在拍摄角度上考虑水平线的放置,水平线居中的构图会给人呆板生硬的感觉。如果拍摄时恰好天空的景色很乏味无聊的话,不要让天空的部分主宰了你的照片,可以把水平线的位置放在三分之一以上的地方。但是如果拍摄时天空中有各种有趣形状的云团和精彩的色泽,把水平线的位置放低,让天空的精彩凸显出来,如图 2-3 所示。

图 2-3 让画面保持水平(钟铃铃 摄)

三、应用不同的构图形式

构图是画面的处理和安排,就其实质来说,是解决画面上各种因素之间的内在联系和空间关系,把它们有机地组织在一个画面上,使之形成一个统一的整体。摄影构图可以理解为:为了充分表现照片的主题思想,对画面上的人或物及其配体、环境做出恰当的安排,并运用艺术的手段强化或削弱画面上某些部分,最终达到使主体突出、主体和配体之间的布局多样统一、照片画面疏密有致及结构均衡的艺术效果。

大多数情况下被摄体是不能任意摆放的,这时就需要通过改变相机的视角来改变构图,只要对相机进行细微的移动,就能在构图上产生强烈的变化。

摄影构图的形式如下。

1. 九宫格构图

九宫格构图(见图2-4)是一种将画面分成九个部分,将主被摄体放在交叉点上的构图方式。这种构图方式非常有效,是进行摄影构图的常用方式。

九宫格构图有时也称为井字构图,它实际上属于黄金分割式的一种形式,就是把画面平均分成九块,在中心块上四个角的点,用任意一点的位置来安排主体位置。这几个点都符合"黄金分割定律",是最佳的位置,当然还应考虑平衡、对比等因素。这种构图方式能呈现变化与动感,画面富有活力。这四个点也有不同的视觉感受,上方两点的动感就比下方两点的强,左边两点的动感比右边两点的略强,因此要注意的是视觉平衡问题。

将画面纵横各分为三个部分,在交叉点上安置被摄体,如图2-5所示。因为树木和小路不在画面中央,所以照片有些许的不均衡感,从而让画面更具动感。

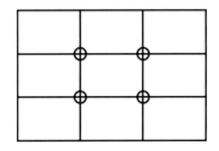 

图2-4　九宫格构图　　　　　　　图2-5　在交叉点上安置被摄体

2. 斜线式和对角线构图及放射式构图

斜线式和对角线构图(见图2-6)是让被摄体的一部分穿过画面对角线的构图方式,多用于拍摄风景照片。如果能让山的轮廓线穿过对角线,拍摄效果将会非常理想。

如图2-7所示,骆驼队沿着斜线行进,画面的纵深感得到强调,整张照片的氛围非常独特。

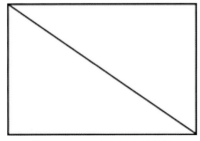 

图2-6　斜线式和对角线构图　　　　图2-7　骆驼队

具有线条特征或方向感较强的对象在画面中略微倾斜,就获得了斜线式构图。这是一种常用的构图表

现方法,当主体安排在画面的对角线上时,就形成对角线构图。线所形成的对角关系,使画面产生了极强的动感,表现出纵深的效果,其透视也会使拍摄对象变成斜线,引导人们的视线到画面深处。放射式构图是斜线式构图的复合方式。图2-8中,以一个点为主体,景物向四周扩散,产生多条放射状的斜线,使画面具有强烈的视觉冲击力。在摄影画面构图中,除了明显的斜线外,还有人视觉感应的斜线,表现为形态的形状、影调、光线等产生的视觉抽象线,因此对线性的把握是摄影构图运用线的关键。

图 2-8　放射式构图(李伟光　摄)

3. 曲线式和 S 形构图

曲线式和 S 形构图(见图 2-9)是在风光摄影中常常用到的构图方法。在画面中放进 S 形的被摄体(比如河流等),能让画面整体充满动感。

曲线式构图是指画面上出现明显的曲线形态。曲线象征着柔和、浪漫、优雅,会给人以美感,在摄影中曲线应用广泛。构图时一定要特别注意曲线的总体轴线方向,其表现方式是多样的,可以运用对角式、S 式、横式、竖式等。S 形是一种有规律的定型曲线,具有优美而富有活力的特点,适合表现自身富有曲线美的景物,远景俯拍效果最佳,如山川、河流、地域等自然的起伏变化,也可表现众多的人体、动物、物体的曲线排列变化,以及各种自然、人工所形成的形态。

图 2-10 所示的照片,犹如银蛇一般穿梭在树林之中的河流,利用 S 形构图来表现,十分恰当,远景俯拍,一切尽收眼底。S 形构图动感效果强,既动又稳,曲线的美感给人大气舒畅的感觉。

图 2-9　曲线式和 S 形构图

图 2-10　曲线式和 S 形构图照片(徐斌　摄)

4. 三角形构图

三角形构图(见图 2-11)能在画面中形成稳定的三角形支撑,秉承了最稳固几何图形的特性,给人以稳定、均衡感。

三角形构图,在画面中所表达的主体放在三角形中或影像本身形成三角形的态势,此构图方式是视觉感应方式,其形态灵活多变,可分为正三角形、倒三角形、斜三角形、直角三角形和等边三角形等多种形式。如一群人呈三角形排列,很自然地给人一种稳定、雄伟、持久的感觉,正如古埃及的金字塔一样挺立在画面之中。三角形构图产生稳定感,三角形倒置则不稳定,可用于不同景别如近景人物、特写等的摄影。三角形构图不能单纯地理解为三角形景物,拍摄时选取三个点作为三个视觉中心,以三角形的布局展现出来,都可以称为三角形构图。三角形构图照片如图 2-12 所示。

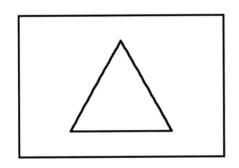

图 2-11　三角形构图

图 2-12　三角形构图照片(小夫　摄)

5. 框式构图

框式构图(见图 2-13)主要是利用有框架感的前景作为主要陪衬,通过框架内部拍摄主体,将被摄主体包围在中心。

框式构图也称口形构图,一般多应用在前景构图中,如利用门、窗、山洞口、围栏、桥梁等其他框架作为前景来表达主体,阐明环境。这种构图方式符合人的视觉经验,使人感觉到透过门和窗来观看影像。这种构图方式产生强烈的现实的空间感和透视效果,突出和强调了主题,使画面意境更加深远。应用框式构图时,要注意主体的大小和形态,主体过大会使画面拥挤,主体过小又使主体不明确。框式构图照片如图 2-14 所示。

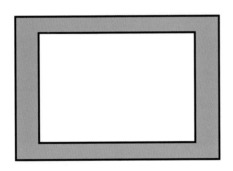

图 2-13　框式构图

图 2-14　框式构图照片

四、选择较小光圈,在无限远处对焦

一般来说,F8～F11 的光圈值最能发挥出镜头的分辨力。拍摄风光时,若想从近景到中景再到远景都

获得完全清晰的效果,那么光圈值最好小于 F8。

在拍摄远处景物时,焦点位置在无限远处。如果想正确对焦,可以使用实时显示功能,将液晶监视器画面放大,边确认边手动调焦,这样便能更准确地对焦。手动对焦,确认景深如图 2-15 所示。镜头上的对焦环调整到无限远(∞)来进行对焦如图 2-16 所示。

图 2-15　手动对焦,确认景深

图 2-16　镜头上的对焦环调整到无限远来进行对焦

五、选择照片风格,拓展表现领域

不同风格的照片如图 2-17 所示。

照片风格:标准

照片风格:风光

照片风格:单色

图 2-17　不同风格的照片

图 2-18 所示为摄影作品《碧水腾龙》,该作品使用单色,以突出激起的水花,烘托气氛。

照片风格是让用户选择各种图像风格的功能,就像是选择不同的胶卷一样,这是数码单反相机独有的功能。用户既可以选择相机预设的照片风格,也可以对预设照片风格进行微调。对同一场景使用不同照片风格拍摄,可以得到影像迥异的照片。

设置照片风格如图 2-19 所示。

速控转盘

照片风格按钮

图 2-18　《碧水腾龙》(李忠光　摄)　　　　　　　图 2-19　设置照片风格

在拍摄状态下,按下照片风格按钮,显示照片风格菜单。用十字键或速控转盘变更照片风格,然后按下确定按钮"SET",照片风格就会生效。照片风格在使用创意拍摄区模式时可自由变换。

六、使用合适的滤镜,得到更为完美的画质

常用的滤光镜有以下几种。

1)UV 镜

UV 镜(见图 2-20)可以过滤掉阳光中的紫外线,所以又称为紫外线滤光镜,它是一种接近透明的滤光镜。由于过多的紫外线会对成像质量造成影响,所以对于传统的摄影师来说,UV 镜是必备品之一。它可以一定程度地滤除紫外线,在晴朗的天空下可以一定程度地提高图像的色彩饱和度,同时 UV 镜也可当镜头保护镜使用,例如防水溅、防尘等。

未使用 UV 镜的照片如图 2-21 所示,使用 UV 镜的照片如图 2-22 所示。

图 2-20　UV 镜　　　　　图 2-21　未使用 UV 镜的照片　　　　　图 2-22　使用 UV 镜的照片

2)偏振镜

偏振镜(见图 2-23)是由两组镜片组成的滤光镜,它可以改变景物的光线。偏振镜可以有效地减少非金

图 2-23　偏振镜

属光泽表面的反射光,能有效阻挡或减少由玻璃、水和非金属表面,如塑料、陶瓷、擦亮的木头和纸所反射的偏振光。用于低反差的情况下或当主体在玻璃、水底的另一面时,可增强整体的反差度。在拍摄户外景物时,还可用来阻挡反射或分散的光,以增强颜色,使天空看上去更蓝。例如拍摄玻璃后的物体、提高平面物体的反差和色彩的饱和度、压暗风景作品中的天空等。

使用偏振镜与未使用偏振镜的照片对比如图 2-24 所示。

未使用偏振镜

使用偏振镜

图 2-24　使用偏振镜与未使用偏振镜的照片对比

3)中灰镜

中灰镜(见图 2-25)又称中灰密度镜,简称 ND 镜,是一块灰色纯透明的高级光学玻璃,其作用就是通过削弱通过镜头的光量来降低曝光量。一般 ND 标号数字越大,减光作用越强。中灰镜对色彩无影响,也不改变被摄体的光线反差,可以在不改变图像色彩的情况下减少光的通过量,使快门时间进一步延长或扩大光圈,以改变正常的曝光组合。例如拍摄雾状的流水、拍摄街景时虚化行人。

用中灰镜拍摄出雾状的流水如图 2-26 所示。

图 2-25　中灰镜　　　　　　　　　　图 2-26　用中灰镜拍摄出雾状的流水

有一种比较特殊的 ND 镜,称为渐变镜,其中应用得比较多的是中灰渐变镜,简称 GND 镜,它一半透光一半阻光,阻挡进入镜头的一部分光线,是风光摄影的必备滤镜。GND 镜用来平衡画面上下或左右两部分的反差,常用来降低天空的亮度,减少天空与地面的反差。可以在保证下半部分的正常曝光的情况下,有效压暗上部天空的亮度,使作品明暗过渡柔和,能有效突出云彩的质感。使用中灰渐变镜与未使用中灰渐变镜的照片对比如图 2-27 所示。

未使用中灰渐变镜　　　　　　　　　　　　　　　使用中灰渐变镜

图 2-27　使用中灰渐变镜与未使用中灰渐变镜的照片对比

> 小贴士

选择合适的拍摄时间

在拍摄风景时,除了选择合适的参数设置进行拍摄以外,选择合适的拍摄时间也非常重要。一天中因为光线不断变化,同样的风景在不同的时间拍摄,效果会不同。要抓住一天中特定的时段才能拍下最美的风景。如果是不能再来第二次的地方,那就没有办法,但如果日程相对较为宽松的话,不光可以白天拍,光线斜射的清晨或傍晚也可以来拍,那些让人印象深刻的风景照片有很多都是在此时拍摄的。或许是人们的性格就是这样,喜爱那种等待一个完美的拍摄时机,寻找一个最好的拍摄地点,观察光线在几个小时内创造一个完全不同场景时的平和宁静。

图 2-28 所示为摄影作品《晚归》,薄暮时分,水面辉映落日余晖,映衬出乡村情调,视觉冲击力较强。

图 2-28　《晚归》(钟铃铃　摄)

任务二
室外人像摄影训练

室外人像摄影在生活中最为常见,拍摄对象的各种特点都是我们所熟知的。人的表情丰富多彩,身姿千姿百态,皮肤是基本吸光的,但眼睛却有反光点,而且男女老少各有不同,所以室外人像拍摄有较大的创意空间。室外人像摄影如图 2-29 所示。

图 2-29　室外人像摄影(钟铃铃　摄)

一、眼部对焦

1. 人像摄影的原则是针对眼部对焦

在拍摄人像时针对眼部精确对焦非常重要。如果眼部没有对焦,那么整张照片就会失去关键点。特别是开大光圈拍摄时景深变小,对焦位置稍稍偏移就会造成眼部失焦,拍摄者应该加以注意。使用 35 mm 全画幅相机拍摄时虚化更大,所以对对焦要求更加严格,甚至要注意应该对眼睛的哪一个部分对焦。眼部对焦和眼部未对焦如图 2-30 所示。

眼部放大图

眼部对焦

眼部放大图

眼部未对焦

图 2-30　眼部对焦和眼部未对焦

2. 选择在对焦后让相机移动最少的自动对焦点

构图完毕后,从取景器里广泛分布的自动对焦点中选择离眼部最近的自动对焦点进行对焦。在对焦后为了修正构图而进行的相机移动越轻微,失焦的概率越小。注意对焦在被摄者离相机较近的眼睛上。正确与错误的对焦点如图 2-31 所示。

正确的对焦点

错误的对焦点

图 2-31　正确与错误的对焦点

3. 不同对焦位置能够改变照片印象

对何处对焦是照片的要素。如图 2-32 和图 2-33 所示,即使构图不变,对前景的花朵对焦和对后景的人物对焦所表现出的内容完全不同。

如果要有意识地针对某处对焦,可以使用对焦锁定功能,先让被摄体对焦,保持半按快门按钮的状态调整构图,然后完全按下快门按钮,完成拍摄。

图 2-32　对焦位置:前景的花朵(照片的主体是花)

图 2-33　对焦位置:后景的人物(照片的主体是人物)

二、光线照射的角度

在室外摄影中,自然光是最常用的光源。自然光主要是指日光,其特点是光照范围大,普遍照度高,照明均匀,但受时间、季节、气候、地理条件和环境变化影响大。不论摄影技术如何发展,手中的相机如何智能,要想拍出好的摄影作品,用光总是必不可少的,所以拍摄者需要有意识地寻找被摄体的光照角度。

1. 光线照射角度

1)顺光
顺光拍摄如图 2-34 所示。

图 2-34　顺光拍摄

2)45°侧顺光
45°侧顺光拍摄如图 2-35 所示。

图 2-35　45°侧顺光拍摄

3）侧光

侧光拍摄如图 2-36 所示。

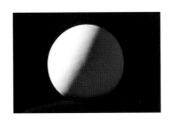

图 2-36　侧光拍摄

4）侧逆光

侧逆光拍摄如图 2-37 所示。

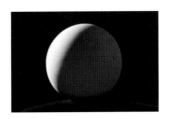

图 2-37　侧逆光拍摄

5）逆光

逆光拍摄如图 2-38 所示。

图 2-38　逆光拍摄

　　光线有照射角度，从而形成了顺光、侧光、逆光等摄影用光方式。光线的强弱控制着被摄体的明暗，光源的方向决定着景物明暗的位置，所以光线决定着景物的质感和形态。

　　被摄体的影子和光线的朝向有着密切的关系。如果光线从正面照射被摄体，那么影子就会出现在被摄

体的后面,而不会被拍摄进照片;但是如果光线向侧面移动,影子就会向光线的反方向移动,被摄体就会出现强烈的阴影。阴影是拍出被摄体立体感的一大要素,实际拍摄中也会常用到阴影效果。在拍摄照片时,必须要明确拍摄的目的和最终所要达到的效果,因为不同的用光手段有着不同的曝光技巧,也会形成不同的拍摄效果。

2. 拍摄人物时顺光、逆光导致的差异

顺光拍摄的照片如图 2-39 所示。

顺光拍摄——脸部阴影过强,不适合人像摄影。光从正面照射被摄体的情况,光线用法很传统。然而拍摄人像时,由于反差较大,并不能说是很合适的。被摄者是正面照射强光,鼻子下面和脖子周围出现了很强的阴影。而且因为人物被正面强光照射,表情显得有些晃眼。天气好的时候由于光线情况,易造成生硬的印象,要引起注意。

逆光拍摄的照片如图 2-40 所示。

逆光拍摄——人物不显晃眼,表情也更柔和,是改变之前被摄者位置拍摄而成的。这种光线称为逆光。逆光的特征就是,由于被摄者没有直接照射到阳光,不会出现强烈的阴影,而且不晃眼,人物表情更加柔和,所以适合人像摄影。由于反射光,头发也会显出高光。

图 2-39　顺光拍摄的照片

图 2-40　逆光拍摄的照片

三、使用反光板让较暗的脸部变得明亮,同时在被摄者眼中加入高光

有效使用反光板可以让逆光造成的昏暗脸部变得明亮起来,让皮肤富有质感。在拍摄人像时,原则上应当使用逆光或侧光,而不适合用会让脸部出现明显阴影的顺光。所以在室外拍摄人像时,反光板是必须携带的拍摄工具。

逆光+反光板拍摄的照片如图 2-41 所示。

逆光+反光板拍摄——灵活运用逆光的优点。采用专业用光法保持逆光的状态,在相机和人物之间加入反光板。这样能融合逆光与顺光的优点,被摄者脸上的阴影被消除了,人物表情变得柔和,将人物拍摄得更加漂亮。由于反光板的反射,会在眼中加入高光,同时肤色也显得更为生动,是人像摄影中常用的专业用光方式。

1. 反光板的分类与作用

反光板作为拍摄的辅助设备,它的常见程度不亚于闪光灯。根据环境需要用好反光板,可以让平淡的画面变得更加饱满,体现出良好的影像光感、质感。同时,利用反光板适当地改变画面中的光线,对于简洁画面成分、突出主体有很好的作用。常用的反光板包括白色、银色、金色和黑色反光板,以及中间的柔光板,可依据不同的拍摄环境选择使用。反光板如图 2-42 所示。

图 2-41　逆光＋反光板拍摄的照片

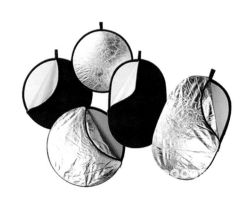

图 2-42　反光板

1)白色反光板

白色反光板反射的光线非常微弱。由于白色反光板的反光性能不是很强,所以其效果显得柔和而自然。要稍微加一点光时,可使用白色反光板对阴影部位的细节进行补光。

2)银色反光板

银色反光板比较明亮且光滑如镜,它能产生更为明亮的光。银色反光板的效果很容易在被摄者眼睛里映现出来,从而产生一种大而明亮的眼神光。在光线不好的条件下,如在阴天,银色反光板就不具备如此强的作用。

3)金色反光板

在日光条件下使用金色反光板补光,它产生的光线色调较暖。金色反光板反射的光更常用作主光。在明亮的阳光下拍摄逆光人像,并从侧面和稍高处把光线反射到被摄者的脸上。未使用反光板和使用金色反光板拍摄的照片如图 2-43 所示。

4)黑色反光板

黑色反光板并不是反光板,而是"减光板"或"吸光板"。使用黑色反光板是运用减光法来减少光量,和其他反光板的作用相反。例如希望拍摄肖像时在其一面有些阴影,就可将黑色反光板放到被拍摄对象的一侧,用来减少光线。

5)柔光板

柔光板在阳光或灯光与被摄物或被摄者之间起到阻隔、减弱光线的作用,可以使光线柔和,降低反差。在光线强烈且不能调整拍摄角度而损失背景的情况下,柔光板可起到柔和光线的作用。未使用柔光板和使

用柔光板拍摄的照片如图 2-44 所示。

没有使用反光板，是在完全自然光状态
下拍摄的照片

金色反光板会增加被摄者肤色的魅
力，使被摄者显得光彩照人

图 2-43　未使用反光板和使用金色反光板拍摄的照片

没有使用柔光板，在完全自然光状态下拍摄，光线反
差较大，脸部留有阴影

使用柔光板，被摄者面部光线柔和，降低反差

图 2-44　未使用柔光板和使用柔光板拍摄的照片

2.收纳反光板的方式

双手拿住反光板两侧,两侧向相反方向扭转(一侧向前,一侧向后),用力扭转形成"8"字形后,双手向内合拢,反光板即收拢成三个小圆圈,随后放入专用口袋中即可。收纳反光板如图2-45所示。

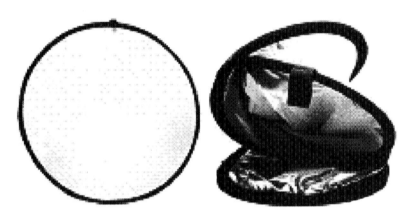

图2-45　收纳反光板

> **小贴士**

室外拍摄注意要点

1. 室外拍摄的最佳时间

太阳从日出到日落,不仅光线高度位置时刻发生着改变,而且光线的强度随时间的变化而变化。因此,自然光照射在主体身上的光线效果,也会随着太阳位置的推移和光线强度的变化而不断改变。不同时段的太阳位置与光线强度如图2-46所示。

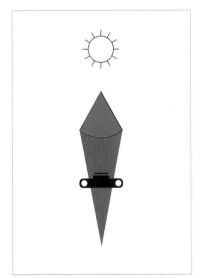

清晨或傍晚的光线高度,此时光线柔和。例如利用夕阳拍摄照片,傍晚的夕阳位置很低,光线斜射,可以有意识地拍摄出被摄体的阴影,以产生戏剧性效果

上午10点之前和下午3点以后的光线高度,此时太阳光线柔和,高度适中,能够使人物呈现一种自然的状态

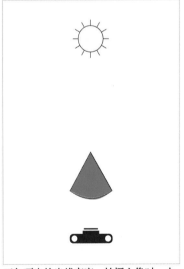

正午顶光的光线高度,拍摄人像时,太阳位于头顶,顶光会使很多重要的部分置于短小的阴影中

图2-46　不同时段的太阳位置与光线强度

针对自然光的多变,摄影者在进行室外人像摄影时,就需要选择最佳的室外拍摄时间,从而得到最满意的人像效果。一般来说,一天当中的最佳拍摄时间段为上午10点之前和下午3点以后(前提是日出之后和日落之前),此时太阳光线柔和,高度适中,能够使人物呈现一种自然的状态。

2. 如何在强烈的太阳光下拍摄

当然,除了拍摄的最佳时间外,在外出旅游或其他情况下,由于时间限制,摄影者不可避免地需要在太阳光强烈的中午进行拍摄。此时的光线直射性比较强,光线的感觉比较硬,往往容易在人物脸部形成很重的阴影。此时摄影者可以避开阳光强烈的位置,选择太阳伞、树荫下,等等,通过遮挡一定光线来进行拍摄,这样不仅可以避免人物脸部产生阴影,而且人物主体也不会因为太阳光线的强烈照射而表情不自然。

3. 阴天拍摄注意事项

阴天时,室外的光线是非常柔和的散射光,用这种光线拍摄人像,能取得比较好的效果。当然,还可以利用反光板来进一步改善光线效果,同时增加眼睛部位的光线,减少下巴下面的阴影,从而拍出更漂亮的人像。

任务三
夜景摄影训练

日落后的美丽夜景对于任何人来说都是极具魅力的被摄体,但是拍下的画面却总是不理想,和肉眼实际看到的画面相去甚远。拍摄夜景的要点就在于拍摄时间的选择。可以说照片的成功80%取决于在最佳的时间进行拍摄。拍摄大都市细腻而美丽的夜景时,对相机的设置更加讲究。摄影者必须预先准备好,灵活运用相机和夜景摄影的相关知识。适合拍摄的时间段最长也不过5 min,所以必须在最佳时机到来之前做好一切准备。夜景摄影作品如图2-47所示。

图2-47 夜景摄影作品(钟铃铃 摄)

一、设置拍摄模式和照片画质

将拍摄模式设置为光圈优先曝光模式,固定光圈值。相机自动设置快门速度的光圈优先曝光模式非常适合拍摄夜景,此时不适合使用光圈值会自动发生变化的拍摄模式。当然也可选择手动曝光模式。

光圈优先曝光模式如图 2-48 所示。

此外,要事先完成记录画质等基本的相机设置,这样在完成构图后就能尽量避免为了调整设置重新移动相机了。为了得到高画质的照片,在平时只需 JPEG 记录的情况下加上 RAW,以便拍摄后能利用 RAW 显像。虽然"JPEG 大/优"也能得到高画质,但是 RAW 拍摄具有拍摄后可在电脑上对白平衡、照片风格和锐度等进行变更的优点。为了得到更好的成像效果,最好同时记录成 RAW 和 JPEG 格式。为了用高画质来记录,利用"RAW+JPEG"拍摄,如图 2-49 所示。

图 2-48　光圈优先曝光模式 2

图 2-49　利用"RAW+JPEG"拍摄

二、尽量抑制噪点的产生,应设置较低的 ISO 感光度

设置 ISO 感光度如图 2-50 所示。

相比于白天的拍摄,夜景摄影时被摄体的光量少,更容易产生噪点。为了抑制噪点产生,应该将 ISO 感光度设置得较低。但是 ISO 感光度越低,快门速度也越低,所以应该根据相机的大小和重量,选择牢固的三脚架将相机固定好。但是在视野开阔的山顶等风很大的拍摄场地,为了防止抖动,也可稍微提高 ISO 感光度。应该根据拍摄条件决定最终的 ISO 感光度。

三、将相机固定在三脚架上

把相机固定在三脚架上,即使使用低速快门,也不用担心发生抖动。相机固定在三脚架上如图 2-51 所示。

图 2-50　设置 ISO 感光度 2

图 2-51　相机固定在三脚架上

　　到达拍摄地后,先确认一下周围环境是否安全,选择一个能让三脚架平稳安放的位置。为了防止三脚架倾倒而导致相机损坏,应该先将三脚架安放好后再装上相机。建议在天色尚亮的时候就将三脚架和相机都准备好,这样也能方便确认拍摄时的安全性。决定好拍摄角度,将相机安装在三脚架上。

　　此外,如果同时使用反光镜预升功能的话,要抑制反光镜预升时产生的震动,从而减少抖动的发生。特别是在使用远摄镜头拍摄时,相机内反光镜的运动也会成为画面抖动的原因。所谓的反光镜预升,就是指在快门释放之前预先升起反光镜,将机身内可能的震动降到最低。

> ▶小贴士

正确使用三脚架的方法

　　在低光照环境下的拍摄过程中,如夜景,长时间曝光和间隔曝光是普遍采用的手法。一款质量上乘的三脚架,是不可或缺的装备。三脚架(见图 2-52)由脚架和云台两部分组成。

　　三个脚架分别由多条脚管组成,为了稳定且方便伸缩脚管,所定系统的可靠性和方便性都需要衡量。

　　脚管如图 2-53 所示。

　　云台是三脚架中旋进相机的部分。一些三脚架使用特殊的快速安装机制,使相机能够快速安装在安装板上,不用旋螺丝就能把相机安装或取下。云台能够移动、倾斜和翻转,甚至能任意旋转,方便摄影者拍摄取景。云台如图 2-54 所示。

　　三脚架看似简单,但很多人并不能够正确使用。这里介绍一下三脚架的正确使用方法和注意事项,如图 2-55 所示。

　　独脚架(见图 2-56)类似于三脚架,但它只有一条伸缩杆,用于支撑相机,相机通过其三脚架螺孔安装在独脚架的顶部。独脚架有助于保持相机稳定,同时还可使相机保持一定的灵活性。独脚架没有三脚架稳定,使用时需要握着它,但是独脚架更轻巧便携。独脚架不适用于夜间长时间曝光,但在使用长焦镜头拍摄快速移动的物体时适合使用。

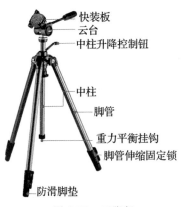

快装板
云台
中柱升降控制钮
中柱
脚管
重力平衡挂钩
脚管伸缩固定锁
防滑脚垫

图 2-52 三脚架

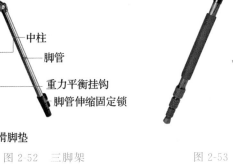

图 2-53 脚管

图 2-54 云台

大致估算需要使用的高度，先将最粗的脚管放开

细管的支撑力较弱，先放开细管是不正确的方式

三脚架要完全张开并锁定

三脚架没有完全张开，会大大降低稳定性

在脚管全部伸长而高度仍不足时，再升起中柱

三脚架高度不足时，直接升起中柱也会降低稳定性

图 2-55 三脚架的正确使用方法和注意事项

图 2-56 独脚架

四、用实时显示拍摄进行构图和对焦

用实时显示拍摄进行构图如图 2-57 所示。

用实时显示拍摄进行对焦如图 2-58 所示。

图 2-57　用实时显示拍摄进行构图

图 2-58　用实时显示拍摄进行对焦

切换到实时显示拍摄，大致确定构图。可以灵活使用实时显示功能，一边观察背面液晶监视器中的图像，一边调整构图。同时可以在使用实时显示拍摄时进行对焦。实时显示拍摄能在液晶监视器上实时观察图像感应器中的成像来进行对焦。

灵活运用实时显示拍摄，并通过观察背面液晶监视器的图像进行对焦，就可实现高精度的对焦。在液晶监视器画面上对想要对焦的部分进行 5 倍或 10 倍的放大。

五、灵活运用自拍功能和快门线

即便使用三脚架，在按下快门按钮时所带来的震动也是抖动发生的原因。要解决这个问题，灵活使用相机的自拍功能是有效的方法。由于使用自拍功能会使按下快门按钮到释放快门按钮存在一段时间，所以在这段时间内，即使刚按下快门按钮时产生了一些震动，也会很快消除，不会影响到真正释放快门按钮，从而抑制抖动。自拍驱动模式如图 2-59 所示。

此外，准确对焦后使用事先连接好的快门线来释放快门。不触碰相机来释放快门，避免按下快门按钮时产生抖动。使用快门线，不会产生类似于使用自拍功能所带来的等待时间，所以不易将不需要的被摄体拍摄进画面，更容易把握拍摄时机。连接快门线端子如图 2-60 所示。为了防止轻微震动，使用快门线拍摄如图 2-61 所示。

图 2-59　自拍驱动模式

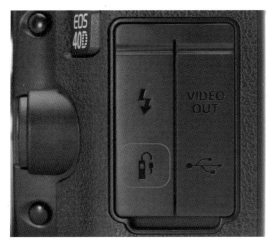

图 2-60　连接快门线端子　　　　　　　　　图 2-61　为了防止轻微震动,使用快门线拍摄

> 小贴士

如何拍摄出美丽的夜景

拍摄夜景和用肉眼观赏夜景的最佳时机并不同。拍摄夜景的最佳时机并不是在真正的夜晚,而是在天空还留有少许天光的傍晚。在这个时间,大厦的轮廓还没有完全消失在夜色里,而且那种蓝白色的光会使天空看上去就像在梦幻中一样。如果等天完全黑了再进行拍摄,照片上发光的就只有点光源,看上去并不漂亮。拍摄者应该在傍晚到达拍摄现场,趁天色还明亮时观察周围状况。拍摄者应该在天空尚有余光时开始拍摄,根据光线的变化调整设置来进行拍摄。使用光圈优先曝光模式,选择 F5.6~F8 的光圈值,这样的光圈值有利于提高分辨力,拍下清晰的点光源。此外,最好在天空还亮的时候确定画面水平线是否倾斜,天色暗下来之后就很难确定正确的角度了。使用水平仪也是一个不错的选择。为了之后的拍摄能顺利进行,最好事先调整画面至水平。不同时间拍摄的上海夜景如图 2-62 所示。

图 2-62　不同时间拍摄的上海夜景(陈斌　摄)

任务四
室内人像摄影训练

　　用室内自然光拍摄人物,可使人物的神态生动自然,现场真实感更强,但要想利用室内光线拍好人物,还需要了解一下室内自然光的特点。室内环境由于受采光的限制,光线亮度远远低于室外。另外,窗户多少、大小、朝向、有无遮挡物及室内墙壁反光等,都会直接影响进入室内的光线亮度,使光线更为复杂。为达到理想的效果,需要调整相机的相关设置,以保证足够的曝光,同时可以根据室内的场景安排人物的动作。室内人像摄影作品如图 2-63 所示。

图 2-63　室内人像摄影作品(钟铃铃　摄)

一、根据光线强度调整 ISO 感光度

　　高 ISO 感光度在昏暗场景下发挥出色。例如,当拍摄室内人像时,由于光线不足,如果使用低 ISO 感光度,为了达到合适的曝光量,快门速度将降低,这样造成人像模糊,如图 2-64 所示。如果要凝固动作,设置更高的 ISO 感光度是有效的。这时感应器会对光线更加敏感,就可以使用更高速的快门。在户外光线充足时,可以使用低感光度拍摄,如图 2-65 所示,能够获得较细致的影像效果。

　　在基本确定人物的位置后,检查相机的曝光。为了提高快门速度以避免出现被摄体抖动现象,提高 ISO 感光度。考虑到人物的细微动作及眨眼带来的眼部动作,选择 ISO 400。设置 ISO 感光度如图 2-66 所示。

采用的快门速度为 1/125 s,最佳快门速度会因所使用的镜头的焦距等不同而有所变化。由于人像摄影与静物摄影等有所区别,要考虑人物的动作,所以即便已经对相机进行了固定,不管焦距长短如何,至少应采用 1/125 s 以上的快门速度,才能保证影像清楚。

图 2-64　ISO 100(F6.3 1/8 s)
（由于快门速度变慢,
影像因抖动而虚化）

图 2-65　在光线充足的户外拍摄

图 2-66　设置 ISO 感光度 3

二、人像摄影曝光补偿随具体情况有很大差异

在拍摄人物时,如果皮肤反射率较高,可能需要进行曝光补偿,这时应根据皮肤色调选择补偿方向。通常情况下,女性的皮肤即使没有化妆也比较白皙,因此采用自动曝光模式进行拍摄有可能会偏黑。这时候可以进行正方向补偿,使皮肤变得明亮,这样才会讨人喜欢。相反,以男性为拍摄对象时,可以稍微进行负方向补偿,这样可以使人显得更加坚毅。曝光补偿并不只是选择正确的数值,也是对亮度进行调节,从而获得良好的整体图像效果。

相机自动曝光拍摄的照片如图 2-67 所示。相机的测光表受肌肤亮度的影响,拍出来的效果比实际观察的要暗一些,因此导致皮肤略欠光泽。

＋2/3 级曝光补偿拍摄的照片如图 2-68 所示。将曝光补偿向正向移动进行拍摄,人物的肌肤具有与实际效果相同的亮度,色调也得到了再现。

1. 曝光补偿的效果

不同曝光补偿的画面效果如图 2-69 所示。

图 2-67　相机自动曝光拍摄的照片　　　　　图 2-68　＋2/3 级曝光补偿拍摄的照片

−2 EV　　−1 2/3 EV　　−1 1/3 EV　　−1 EV　　−2/3 EV　　−1/3 EV

±0 EV

+1/3 EV　　+2/3 EV　　+1 EV　　+1 1/3 EV　　+1 2/3 EV　　+2 EV

图 2-69　不同曝光补偿的画面效果

2. 曝光补偿的操作方法

以佳能相机为例,将电源开关置于图 2-70 所示的位置,此时速控转盘处于可操作状态。速控转盘顺时针为正补偿,逆时针为负补偿。可通过取景器内显示内容或液晶监视器内显示内容对补偿情况进行确认,如图 2-71 所示。

图 2-70　选择曝光补偿

图 2-71　确认补偿量

尼康相机中曝光补偿的操作方法为按住曝光补偿按钮,通过旋转主命令拨盘来改变曝光补偿设置,如图 2-72 所示。

小型数码相机同样提供曝光补偿功能,如图 2-73 所示。

图 2-72　尼康相机选择曝光补偿

图 2-73　小型数码相机的曝光补偿功能

3. 曝光补偿的定义

所谓的曝光补偿 EV(exposure values),是指根据摄影者个人的想法,对相机自动演算出的曝光参数进行调整,使拍摄亮度发生变化,照片接近实际亮度或摄影者自己希望的亮度,创造出独特的视觉效果。

4. 曝光补偿的正负

曝光补偿的调整范围一般为 $-2\sim2$ EV,调整的时候可以按照 1/3 EV 或 1/2 EV 为步长调整。曝光补偿量用 $+2$、$+1$、0、-1、-2 表示。"$+$"表示在测光所定曝光量的基础上增加曝光,"$-$"表示在测光所定曝光量的基础上减少曝光,相应的数字为补偿曝光的级数。曝光补偿量如图 2-74 所示。

5. 曝光补偿的作用

数码相机和传统相机的测光原理相同,都是将被摄对象作为 18% 的灰度来表现。18% 的灰度是日常生活场景中的平均光线值,如果人眼瞳孔在调整范围内无法达到这个稳定值,就

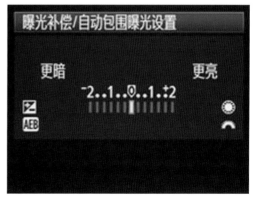

图 2-74　曝光补偿量

会降低对环境的正确判断、识别能力,相机就是依据这个原理来对环境光线进行计算的。在半按快门后相机即完成对光线的测定,经程序计算后自动调整光圈、快门。虽然这个标准基本适用于绝大多数场合,但在复杂的光线或高反差的拍摄环境下,运用相机内自动测光系统推荐的曝光数据进行拍摄,得到的照片往往不尽如人意。

　　曝光补偿可以使照片黑白分明,使用相机内自动测光系统测光时,如果画面内有大面积的白色(明亮)的被摄体,拍出来的照片就容易曝光不足;与此相反,如果画面内有大面积的黑色(阴暗)的被摄体,拍摄出来的照片就容易曝光过度。为了改变这种情况,曝光补偿的基本原则是"白加黑减",即画面内有大面积的白色或明亮的物体时应该对曝光进行正补偿,画面内有大面积的黑色或灰暗的物体时应该对曝光进行负补偿。

　　1)对白色被摄体向正方向进行曝光补偿

　　使白色更白,用正补偿来实现真实的白色,如图 2-75 所示。

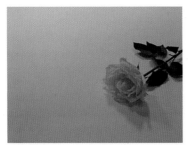  

曝光补偿±0　　　　　　曝光补偿+1$\frac{1}{3}$　　　　　　曝光补偿-1$\frac{2}{3}$

图 2-75　使白色更白,用正补偿来实现真实的白色

　　对白色被摄体采用正补偿具有明显的效果。因为相机的测光表感知到白色物体,为防止其曝光过度,具有将其向灰色调整的功能,如果不做补偿直接拍摄的话,白色物体整体会变为灰色。曝光补偿向正方向调节,可以将图像变亮。补偿的要点是确定白色被摄体的哪一部分最重要。图 2-75 所示的照片是以白色花朵为标准来决定补偿量的,这时候虽然背景的纸的部分变得相当明亮,但如果是以花朵为主要被摄体的话,还是应该进行大胆的补偿,而相机的测光表则不能根据拍摄者的意图和希望拍摄出的感觉进行计算后确定曝光,能够最终决定亮度的只有拍摄者自己。

　　2)对黑色被摄体向负方向进行曝光补偿

　　如果暗色被摄体泛白,调整曝光补偿,使其变暗,如图 2-76 所示。

曝光补偿±0　　　　　　曝光补偿-2　　　　　　曝光补偿+2

图 2-76　如果暗色被摄体泛白,调整曝光补偿,使其变暗

对于黑色被摄体,相机会试图使其具有灰色的亮度,所以依靠相机自动得到的曝光总是显得过于明亮。图 2-76 所示的照片是将模型车放在黑色皮革上拍摄的,整体泛白,此时将曝光补偿向负方向调整,有意使其变暗,最终得到了接近物体本身色泽的效果。因为曝光的补偿量随被摄体的反射率而变化,所以最好能采用多种补偿值分阶段进行拍摄。至于哪种补偿量最佳,则要看拍摄者自身的感觉,没有一个固定的理想数值标准。但如果进行大幅度的曝光补偿,就会使亮度产生急剧变化,所以应以 1/3 级为单位逐步进行补偿调整。

> **小贴士**

包 围 曝 光

包围曝光是通过相机设置,使相机自动按阶段改变照片明亮程度或白平衡的便捷功能。在光线条件复杂,难以决定适合的曝光值时使用起来非常方便。设置该功能之后,将分别以"无曝光补偿""正曝光补偿""负曝光补偿"的顺序拍摄 1 组 3 张照片。自动包围曝光如图 2-77 所示。

图 2-77　自动包围曝光

项目三
运用影室光源拍摄

任务一
影室人像摄影训练

布光是摄影表达所必须掌握的基本技能。掌握布光需要了解一些光源的基础特性和布光的基本规律,只有这样才能有助于在实践中解决问题。一些常用附件的基本特性、一些布光的基本规则及一些常见灯位的光源效果,都是拍摄实践中经常会遇到的,了解这些可以帮助拍摄者解决遇到的技术难题。

影室人像摄影如图 3-1 所示。

图 3-1　影室人像摄影(钟铃铃　摄)

一、选择合适的影室人造光源及附件

1. 光源的类别

在生活中接触最多的光源有两类:一类是自然光源,另一类是人造光源。摄影中由于自然光在不同的时段会有不同的变化,而且还有很多人为无法控制的因素,不可能形成一个可操控的恒定拍摄环境,因此很多时段的光线难以符合拍摄需要。而影室人造光源则是一种方便的光源系统,具有很强的操控性,是一个可操控的恒定拍摄环境,它能根据拍摄的需要人为地控制角度、位置、距离、高度和输出量。

2. 人造光源的分类

1)连续光源

连续光源是指可以持续发光的电光源,摄影用的一般包括强光白炽灯、卤钨灯、金属卤素灯等。强光白炽灯是发光率在 200 W 以上的白炽灯,其色温接近 3 200 K;卤钨灯的功率一般在 1 000 W 以上,色温恒定为 3 200 K;金属卤素灯是将不同的金属卤化物加入高压汞灯中,有镉灯、钢灯等几种,色温可达到 6 000 K,发光效率高,显色性好,多用于电影摄影照明。但由于连续光源在工作时会产生高热,因此其灯泡使用寿命不够长,色温不够稳定,发光效率有限。连续光源如图 3-2 所示。

2)闪光光源

闪光光源是指能够瞬间发光的电光源。与等效的连续光源相比,闪光灯要昂贵许多,但其使用寿命长。由于是瞬间发光,闪光光源不会像连续光源那样随着时间的延长而产生很高的热量,而且闪光灯的色温为 5 300~6 000 K,与日光的光谱分布基本一致,具有日光的色彩平衡。同时闪光灯可以在瞬间发出强光,足以凝固动态的瞬间。造型灯管如图 3-3 所示。造型灯管是影视闪光灯不可缺少的辅助光源,位于闪光灯管附近,既可用于对焦时的照明,又可为布光时提供闪光的模拟造型效果。摄影师可根据造型灯的效果布置灯光的角度和设置闪光灯的强弱。

图 3-2　连续光源　　　　　　　　　　　图 3-3　造型灯管

3. 光源附件

摄影光源的附件有很多种类型,仅从光线输出的原理来看,各种附件可以归为两大类:一类为直接出射的光源附件,一类为间接出射的光源附件。直接出射的光源附件以各类反射罩为主,光源经过附件后不经任何阻挡直接照射在被摄体上;间接出射的光源附件主要以柔光箱、反光伞、柔光罩为主,这类附件在光线到达被摄体前将光线重新加以扩散,使光线被不同程度地柔化,以满足各种不同的拍摄需求。

1)裸灯

开口最大的直射光,其特点为光线较散,空间的照射面积大,面积照度比较均匀,但光线流失也比较大,总的照度相对较低。裸灯如图 3-4 所示。

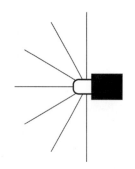

图 3-4　裸灯

2）反光罩

反光罩是最常用的灯具附件，可以用来连接其他的相关附件，是影视灯的基础配置。反光罩所反射的光为直射硬光，光的亮度高，方向性强，反差大，产生的投影浓重。此外，光域的中心部位光值高，边缘部分显著衰减。反光罩如图 3-5 所示。

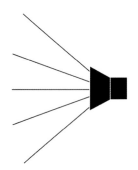

55° 标准灯罩

45° 长焦反光罩。长焦反光罩的深度较大，使得光源发出的光线被限制在一个较小的范围内，从而增强了光线的汇聚能力

120° 广角反光罩。广角反光罩是一种开口较大且较浅的反光罩，但依然会有一部分光被反光罩反射到被摄体的方向

图 3-5 反光罩

3）背景反光罩

背景反光罩可以产生椭圆形光柱，以便形成背景或其他区域的自然光照效果，并可产生具有喜剧性效果的渐层光，不仅可以用于背景，还可用于发型光和轮廓光。附加色纸能渲染出不同的气氛。背景反光罩如图 3-6 所示。

添加硫酸纸可使光线柔和，添加有色纸能渲染出不同的气氛

图 3-6 背景反光罩

4）柔光箱

柔光箱有多种类型,从形状上分为正方形、长方形、八角形等,从规格上分也有大小不同的尺寸。柔光箱的特点是能提供平均而充足的照明,发出的光质柔和,但边缘的亮度衰减明显,方向一般强于反光伞,反差适中,富有良好的层次表现。尺寸越大的柔光箱,光线越柔和。柔光箱如图 3-7 所示。

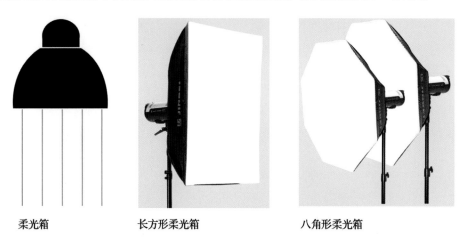

柔光箱　　　　　　长方形柔光箱　　　　　　八角形柔光箱

图 3-7　柔光箱

5）反光伞

反光伞反射光源,外形如同雨伞,插在灯的前端,灯光经反光伞反射到被摄物体上面。反光伞的反光面有银色、金色、白色之分。反光伞光源的特性是光照度均匀,发光面积大,光质柔和,反差较小,投影浅淡,可折叠收藏,便于携带。反光伞如图 3-8 所示。

反射式使用时光的方向　　　　　　投射式使用时光的方向

黑白色反光伞　　　　　　黑银色反光伞　　　　　　金色反光伞

图 3-8　反光伞

银色反光伞

柔光伞（反光伞反射的光为散射光，
柔光伞反射的光比反光伞反射的光
稍硬）

双层反光伞

续图 3-8

6）太阳伞

太阳伞是目前欧洲最流行的闪光灯附件，用于婚纱、艺术人像、时装、集体照及产品拍摄。太阳伞的照射面积大，立体感强，色彩还原好，尤其拍摄人像，脸部的高光柔和，自然过渡层次丰富，弥补了柔光箱多点光斑的不足，能够突出眼神的奇妙变化。太阳伞用光方法多样：直射、反射、变焦和附加柔光布。太阳伞直径为 1.7～2 m。太阳伞及其使用如图 3-9 所示。

图 3-9　太阳伞及其使用

7）束光筒

束光筒是一个锥形圆筒，有长度不等、开口大小不等的不同类别，前端一般带有蜂巢，形成比一般集光更强烈的光束，光质很硬，亮度很高，方向性极强，反差特大，光的衰减很大。束光筒如图 3-10 所示。

图 3-10　束光筒

8)蜂巢罩

蜂巢罩主要由网眼或格栅构成,经常和挡光板一起使用。蜂巢罩的作用就是滤去各个方向的散射光,让光线变成直射光,光线经过蜂巢罩过滤后,方向性变得极为明显,光质稍变硬,反差略有提高。蜂巢罩如图 3-11 所示。

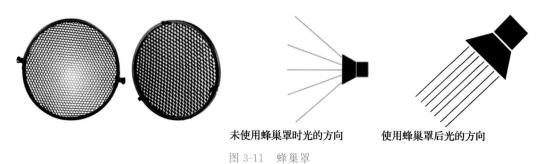

未使用蜂巢罩时光的方向　　　**使用蜂巢罩后光的方向**

图 3-11　蜂巢罩

9)雷达罩

雷达罩属于直接出射的光源附件和间接出射的光源附件的综合体,利用光线的两次折射对物体进行受光,目的是获取多样的光线输出效果。雷达罩输出的光比较直接,因此光线的照度强,光线相对比较硬且明快,常配以专用蜂巢罩控制光片,提高对比,并且控制光线散射,产生硬中带柔的光源效果。雷达罩相关装置及使用后的拍摄效果如图 3-12 所示。

雷达罩　　　**雷达罩加装蜂巢罩**　　　**使用雷达罩的拍摄效果**　　　**使用雷达罩加装蜂巢罩的拍摄效果**

图 3-12　雷达罩相关装置及使用后的拍摄效果

10)挡光板

挡光板是限制光线自由漫射的活动金属片,通常用黑色吸光材料制成,可从上、下、左、右四个方向有效改变光线的照射,直接影响发光面积的大小,将宽光变成窄光,同时配有滤色片,安插在灯罩前,以产生不同色彩的色光效果。挡光板和滤色片如图 3-13 所示。

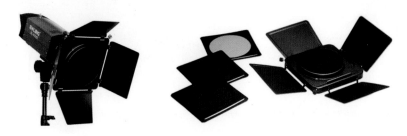

图 3-13　挡光板和滤色片

11）玻璃雾化罩

玻璃雾化罩外壳采用磨砂工艺进行柔化处理，闪光管输出的光全部为玻璃雾化罩反射后的透射扩散光。雾灯的特点是可提供非常平均的大面积的照明，光质柔和，对细部层次、色彩饱和度表现俱佳。雾灯特别适合商品，尤其是高光洁度物体的拍摄。玻璃雾化罩如图 3-14 所示。

12）球形柔光罩

球形柔光罩是乳白色透明球体，适合较大功率闪光灯，有 360°照射角度，光线柔和，有较强的过渡层次感，体现出由中心到边缘、由高光点到较弱点的光线渐变，拍摄人像时能更好地体现眼球和肤色的渐变。球形柔光罩如图 3-15 所示。

图 3-14　玻璃雾化罩　　　　　　　　　　　　　图 3-15　球形柔光罩

> **小贴士**

同一个光源在使用不同的附件时，效果是有很大差别的。弄清附件的原理和效果，在拍摄时才能游刃有余。

二、使用闪光电源时，要连接数码相机和闪光灯，并使用手动曝光模式进行拍摄

1. 连接数码相机和闪光灯

使用引闪器或闪光灯同步线连接数码相机和闪光灯。引闪器的接收器连接在闪光灯的后端电源插座处，将引闪器的发射器连接在数码相机的热靴处。或者使用闪光灯同步线连接，将闪光灯同步线一端连接在闪光灯后端的同步插口上，另一端连接在数码相机的 PC 端子处即可。

闪光灯的操纵控制按钮都在闪光灯的后端，如图 3-16 所示。

2. 使用手动曝光模式进行拍摄

手动曝光模式是由拍摄者根据自身判断确定快门速度和光圈值的拍摄模式。在影室拍摄时需要选择此模式，从而能根据布光情况调整与闪光灯同步的快门速度和确保曝光准确的光圈值进行拍摄。

所谓相机的闪光灯同步速度，是指能够保证在闪光灯工作的时候快门帘幕全部打开，使数码相机的影

像传感器同时接受曝光的快门速度。影像传感器的各个部分同时接受曝光,这就是"同步"的含义。临界快门速度是相机的最高闪光同步速度,它给出了相机实现闪光速度的快门速度上限。

图 3-16　闪光灯的操纵控制按钮

　　闪光灯在正常模式下工作的时候,发出的是瞬时的闪光脉冲,其持续时间一般短于相机的最高闪光同步时间。只要在这期间影像传感器和胶片全部打开,闪光灯就可以使整个影像传感器和胶片均匀曝光。但当快门速度高于临界快门速度的时候,影像传感器并不是全部打开,快门前帘和后帘打开一条缝隙,缝隙扫过影像传感器,完成曝光。如果影像传感器只打开一条缝隙,那么影像传感器只有一部分被闪光灯曝光,其余部分闪光灯没有照到,因而导致照片的曝光严重不均匀。设置闪光灯速度如图 3-17 所示。

快门速度为1/1 000 s,闪光灯的脉冲时间非常短,会导致照片上只有一个窄条曝光正常,其余部分很暗,因为没有接收到闪光灯的光线

快门速度为1/400 s

快门速度为1/250 s

图 3-17　设置闪光灯速度

三、影室布光的一般步骤与方法

影室灯光不像自然光,摄影师完全可以根据主观构思和表现需要,运用娴熟的布光技巧去营造出奇妙的光影效果。但由于影室布光具有较大的主观随意性,一方面可使摄影师将布光效果发挥到极致,另一方面却增加了布光的难度。使用人工光源摄影,布光效果的变化主要靠更换附件及光源与被摄体的距离、高度和位置来获得。布光是一项创造性的工作,它不仅体现着摄影师的个性和风格,而且关系到一幅作品的成败。为了提高布光的效果和速度,布光时一般要遵循以下步骤与方法。

1. 确定主光

主光(见图 3-18)是指主导光源,它决定着画面的主调。在布光中,只有确定了主光,画面的基础照明及基调才能得以确定,才有意义去添加辅助光、背景光和轮廓光等。一般都选择光质较柔的灯,如反光伞、柔光箱等作为主光。直射的反光灯和聚光灯较少作为主光,除非画面需要由它们带来强烈的反差效果。

2. 加置辅助光

主光的照射会使被摄体产生阴影,除非摄影画面需要强烈的反差,一般为了改善阴影面的层次与影调,在布光时均要加置辅助光,如图 3-19 所示。

辅助光一般多用柔光,它的光位通常在主光的相反一侧。加置辅助光时要注意控制好光比,恰当的光比通常为 1∶3～1∶6。对于浅淡的被摄体,光比应小一些;而对于深重的物体,光比则要大一些。在加置辅助光时还应注意避免辅助光过于强烈。辅助光过强容易造成夹光,并产生多余而别扭的阴影。根据画面效果的需要,辅助光可以是一个,也可以是多个。在使用各种灯具作为辅助光的同时,尽量多使用反光板,它能产生出乎意料的好效果。

3. 加置背景光

背景的主要作用是烘托主体或渲染气氛,因此,在处理背景光时,既要讲究对比,又要注意和谐。当被摄体与背景有足够的距离时,可对背景单独布光。背景光是一般不会干扰主体的布光,并要控制背景光的覆盖面、亮度和匀度。主光＋辅助光＋背景光如图 3-20 所示。

背景光如图 3-21 所示,所产生的漫射光不仅很容易使镜头产生眩光,而且会影响被摄体的光效。

图 3-18　主光　　　　图 3-19　主光＋辅助光　图 3-20　主光＋辅助光＋背景光　　图 3-21　背景光

4. 加置轮廓光

轮廓光的主要作用是给被摄体产生鲜明光亮的轮廓,轮廓光赋予被摄体立体感和空间感,从而使被摄体从背景中分离出来。逆光和侧逆光常用作轮廓光。光位一般为一个,但有时根据需要可用两个或多个。轮廓光通常采用聚光灯,它的光质强而硬,常会在画面上产生浓重的投影。因此,在轮廓光布光时,一定要减弱或消除这些杂乱的投影。在轮廓光布光时还应注意轮廓光与主光的光比,通常轮廓光是亮于主光的。此外轮廓光并不是每幅画面必需的光线,只有当画面需要时才添加。轮廓光如图 3-22 所示。主光＋辅助光＋背景光＋轮廓光如图 3-23 所示。

5. 加置装饰光

装饰光主要是对被摄体的某些局部细节进行装饰,它是局部、小范围的用光。装饰光与辅助光的不同之处是它不以提高暗部亮度为目的,而是弥补主光、辅助光、背景光和轮廓光等在塑造形象上的不足。眼神光、发光,以及被摄体亮部的重点投射光、边缘的局部加光等都是典型的装饰光。装饰光的布光一般不宜过强过硬,过强过硬容易产生光斑而破坏布光的整体完美性。主光＋辅助光＋背景光＋轮廓光＋装饰光如图 3-24 所示。

图 3-22　轮廓光　　　　　　　图 3-23　主光＋辅助光＋　　　　图 3-24　主光＋辅助光＋背景光＋
　　　　　　　　　　　　　　　　　　　　背景光＋轮廓光　　　　　　　　　　轮廓光＋装饰光

6. 最后审视

在布光过程中,由于光是一种种添加上去的,后一种光很可能会对以前的光效产生影响。因此,在布光完毕后,还需仔细审视整体光效,对这些细节的审视可以避免因一时疏忽而前功尽弃。

四、光的知识

1)光位

光位指光源的照射方向及光源相对于被摄体的位置。光位可以千变万化,当摄影棚主光源落在被摄体的不同部位时,会产生不同的视觉效果。根据光位可将光分为 7 种基本类型:顺光、侧顺光、侧光、侧逆光、逆光、顶光、脚光。光位如图 3-25 所示。

顺光

侧顺光

侧光

侧逆光

逆光

顶光

脚光

图 3-25　光位

> **小贴士**

运用布光修饰人像

　　顺光又称为"正面光"，是指光线投射方向跟相机拍摄方向一致的照明。被摄人物受到均匀的照明，影调比较柔和，但空间立体效果较差，最终效果如图 3-26 所示，拍摄出的人像显胖。

　　侧顺光是指光线投射水平方向与相机镜头成 45°角左右时的摄影照明，这种光线能使被摄人物产生丰富的明暗变化，很好地表现空间立体感和人像轮廓，如图 3-27 所示。

　　2）光质

　　光质是指光的硬、软特性。所谓硬，是指光线产生的阴影明晰而浓重，轮廓鲜明，反差高；所谓软，是指光线产生的阴影柔和不明快，轮廓渐变，反差低。硬光带有明显的方向性，它能使被摄物产生鲜明的明暗对比，有助于质感的表现。硬光往往给人刚毅、富有生气的感觉，如图 3-28 所示。软光则没有明显的方向性，它用于反映物体的形态和色彩，但不善于表现物体的质感。软光往往给人轻柔细腻之感，如图 3-29 所示。

图 3-26　顺光

图 3-27　侧顺光

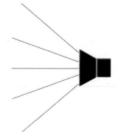

图 3-28　使用硬光拍摄的作品,给人柔中带刚、富有生气之感(吴光明　摄)

图 3-29　使用软光拍摄的作品,给人轻柔细腻之感(钟铃铃　摄)

3）光度

光度是光的最基本因素,它是光源发光强度和光线在物体表面所呈现亮度的总称。光度与曝光直接相关:光度大,所需的曝光量小;光度小,所需的曝光量大。此外,光度的大小也间接地影响着景深的大小和运动物体的清晰程度。大光度容易产生大景深和清晰的影像效果,小光度则容易产生小景深和模糊的运动影像效果。

4）光比

光比是指被摄体上亮部与暗部受光强弱的差别。光比大,被摄体上亮部与暗部之间的反差就大,如图3-30所示;反之,光比小,被摄体上亮部与暗部之间的反差就小,如图3-31所示。

图3-30　光比大,人像亮部与暗部之间的反差就大　　　　图3-31　光比小,人像亮部与暗部之间的反差就小

通常主光和辅助光的强度及与被摄体的距离决定了光比的大小。所以,拍摄时调节光比的方式有两种:① 调节主光与辅助光的强度。加强主光强度或减弱辅助光强度,会使光比变大;反之,光比变小。② 调节主灯、辅助灯与被摄体之间的距离。缩小主灯与被摄体之间的距离或加大辅助灯与被摄体之间的距离,都会使光比变大;反之,光比变小。

五、使用测光表,确保曝光准确

由于造型灯的照明效果与实际拍摄效果有一定差别,因而不能直接看到光线投射到被摄体上的最终效果,光比的计算需要有预见性和想象力,并且需要测光表准确测光。测光表如图3-32所示。将测光表平举在模特面前,然后将测光表略微向上抬起30°(因为通常情况下主光会略微高于被摄者头部,考虑人物面部的受光情况,所以将测光表略微向上抬起一定角度),接着按下测光表的确认键,得到人物总曝光量的基准值。

图3-32　测光表

> 小贴士

拍摄人像的位置安排和手部的摆放

　　被摄者的双肩正对相机,人像看起来比真人要宽,构图也比较呆板。可以让被摄者略微转动下身体,肩膀和相机成45°角,脸转向相机,这时拍出来的照片比较有动态感。如果把头偏向相机一边,看起来会更加自然有趣。人像的位置如图3-33所示。

图 3-33　人像的位置

　　手是人的第二张脸,通过手的动作,可以展现被摄者的风采。尤其是被摄者的手形较好时,可以起到画龙点睛的作用。女性的手摆姿势时,通常创造一种优雅感。男性拍照时,一般情况下应表现男性的力量。手的动作如图3-34所示。

试着在拍摄时让手指稍微分开,这样能显出手指的形状和轮廓。如果手指紧贴在一起,看起来不够有美感

手指不要用太大力压脸,否则脸会受到影响而变形

让手腕轻微弯曲,在手和腕的连接处形成轻微弯曲的线条

图 3-34　手的动作

任务二
产品摄影训练

产品是无生命、静止不动的,以产品为拍摄对象的摄影必须打动观者才是成功的。如何让产品充满动感、情感与魅力,需要摄影师对产品进行细心的构思和组合。五花八门的产品是很难用统一的技术和方法来处理的,每一类产品都有其特点,要拍摄好,必须仔细研究产品的外形、质地及用途,根据拍摄创意要求,确定好拍摄器材,给出最佳的布光和构图,并在拍摄过程中进行严格的技术控制,这样才能取得完美的效果。产品摄影如图 3-35 所示。

图 3-35 产品摄影(众品文化 孙亮 摄)

一、产品摄影分类和拍摄技巧

由于物体的结构、质地和表面肌理各不相同,所以物体吸收光和反射光的能力也不同,因此物体可分成三大类:吸光物体、反光物体和透明物体。在产品摄影中,掌握这三类物体的拍摄技巧是最为基本和重要的。

1. 吸光物体

吸光物体是最常见的物体,像木制品、纺织品、纤维制品及大部分塑料制品等都属于吸光物体。这类物体基本上不会产生反射光,也不会产生镜面效应。吸光物体的最大特点是在光线投射下会形成完整的明暗层次,其中最亮的高光部分显示了光源的颜色,明亮部分显示了物体本身的颜色和光源颜色对其的影响,亮部和暗部的交界部分最能显示物体的表面纹理和质感,暗部则几乎没什么显示。吸光物体如图3-36所示。广告摄影中,对吸光物体的布光较为灵活多样。表面粗糙的物体,如粗陶制品等,一般采用侧光照明来显示其表面质感。表面光滑的物体,如部分塑料制品和表面刷过油漆的物体等,一般都有光泽,会反射少量定向光线,所以宜用大面积光源来照明,布光时要注意光源的形状,因为这类物体的高光部分能将光源的形状反映出来。

2. 反光物体

反光物体主要有银器、电镀制品和搪瓷制品等,它的最大特点是表面光滑,对光线有强烈的反射作用。反光物体一般不会出现柔和的明暗过渡现象。反光物体的布光一般采用经过散射的大面积光源,布光的关键是把握好光源的外形和照明位置。反光物体的高光部分会像镜子一样反映出光源的形状。由于反光物体容易缺少丰富的明暗层次变化,所以可将一些灰色或深黑色的反光板或吸光板放置在这类物体旁,让物体反射出这些色块,以增添物体的厚实感,改善表现效果。反光物体如图3-37所示。

图3-36 吸光物体(孙亮 摄)

图3-37 反光物体

对于形状和体积特别复杂的反光物体,布光时需要采取复杂的措施,最常用的是包围法布光。包围法布光是指除了相机镜头开孔之外,用一个亮棚将被摄物体包围起来,然后在亮棚的外边进行布光。包围法布光所用的亮棚可以用白纸或白色织物做成一个特殊的立体柔光罩,用透明的支架,如有机玻璃棒或尼龙绳等加以固定。用包围法布光时亮棚的设计布置是多样的,但有一点应明确,反光物体会像镜子一样毫无保留地将周围的一切反射回去,亮棚稍有缺陷,就会在被摄物体上显示出来。

亮棚如图 3-38 所示,包围法布光如图 3-39 所示,使用包围法布光拍摄的照片如图 3-40 所示。

图 3-38 亮棚

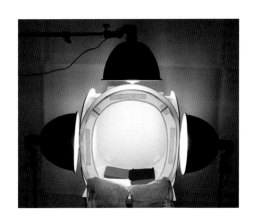

图 3-39 包围法布光

3. 透明物体

透明物体(见图 3-41)主要指各种玻璃器皿等透明质物体,以及塑料制品、尼龙制品和磨砂玻璃等半透明质物体,它的最大特点是能让光线穿透其内部。拍摄透明物体时,表现物体的透明感并不困难,不管背景是深是浅,它总会透过去,这使得在常态下拍摄时很难将其从背景中分离出来。同时对于透明物体光亮感的表现,要利用反射使之产生强烈的"高光"反光,透明物体的形状则利用光的折射来达到预期效果。表现透明物体造型形态有两种方式:一种是在明亮的背景中将被摄物体以黑色线条勾勒出来;另一种正好相反,是在深暗背景中用亮的线条将被摄物体在背景中显现出来。

图 3-40 使用包围法布光拍摄的照片

图 3-41 透明物体

"明亮背景黑线条"的布光主要是利用照亮物体背景光线的折射效果。透明物体放在浅色背景前方足够的距离上,背景用1~2个聚光灯照明,光束不能照射到被摄物体上,而是要让背景反射的光线穿过透明物体,在物体的边缘通过折射形成黑色轮廓线条,线条的宽度正比于透明物体的厚度。改变光束的强度与直径,可以得到不同的效果,光束的强度越强,直径越小,画面的反差就越强。画面的反差情况由聚光灯的强度与直径决定,可在拍摄时控制。"明亮背景黑线条"布光的照片如图 3-42 所示。

"暗背景亮线条"的布光主要是利用光线在透明物体表面的反射现象。被摄物体放在距离深色背景较远的位置上,被摄物体的后方放置两个散射光源(雾灯、柔光灯),由两侧的侧逆光照明物体,使物体的边缘产生连续的反光。"暗背景亮线条"的布光特别有利于美化厚实的透明物体,但这种布光方法不易掌握,需要不断地调试才能达到预期的效果。此外,在运用这种布光时,一定要彻底清洁透明物体上的灰尘或污迹,否则会影响拍摄效果。"暗背景亮线条"布光的照片如图 3-43 所示。

图 3-42 "明亮背景黑线条"布光的照片(钟铃铃 摄)

图 3-43 "暗背景亮线条"布光的照片

二、饰品拍摄技巧

饰品的拍摄在产品摄影中应用非常普遍。饰品是常见的日用品和装饰品,它们较为小巧,而且样式和种类较多,因此拍摄难度较高,摄影师需要有非常专业的摄影技术和技巧。

拍摄饰品时通常采用两种手法:一是将饰品作为主体单独构成画面;二是采用模特佩戴饰品,以模特作为陪衬来突出饰品。

采用首饰单独构成画面的手法拍摄时,首先要将首饰摆放好。首饰通常很细小,不容易摆放,对于细小的首饰,一般先将一枚细针用胶粘在首饰上,然后将细针固定在拍摄台面上,但在拍摄时要看不出粘接和针的痕迹。由于首饰的种类、质地繁杂,因此很难有一定的布光规则。一般情况下,对于金银首饰,多用柔光照明;对于多面的宝石,则用直射光布光。布光时应注意首饰的质感能否得到很好的表现,首饰的每个面、每条棱线是否达到理想的明度等,若不够理想,要耐心地进行调整,直至有了完美的效果。饰品拍摄照片如图 3-44 所示。

由于饰品通常较小,拍摄时要近距离摄影,因此使用的器材应从近距离摄影的角度来考虑。镜头一般选用中、长焦镜头和微距镜头。使用中、长焦镜头时,镜头与被摄物体的最近对焦距离可稍大,布光较为方便。但如果对拍摄画面的像素要求非常高,则应选用微距镜头。使用微距镜头能细致地表现出饰品的细节,如图 3-45 所示。

采用模特佩戴手表和首饰的手法拍摄时,模特(特别是模特佩戴首饰的身体部位)一定要美,否则很难与手表或首饰相映成趣。用这种方法拍摄,一般在构图的景别上采用特写或大特写,在用光上一般采取控制光域,手表或首饰区域光照稍亮,而手表或首饰以外的区域光照稍暗,以形成手表或首饰与模特间的影调明暗对比,尽可能地突出手表或首饰。珠宝照片如图 3-46 所示。

图 3-44　饰品拍摄照片(孙亮　摄)　　　图 3-45　使用微距镜头能细致　　　图 3-46　珠宝照片(孙亮　摄)
　　　　　　　　　　　　　　　　地表现出饰品的细节

> 小贴士

背景要与首饰的颜色保持平衡,用什么颜色和材料要看具体情况。光泽感太强的材料或者颜色太过鲜艳的背景,不适合将被摄物体表现得更高级。拍摄首饰时,建议使用黑色绒布等丝绒类作为背景。由于黑色绒布几乎不反射光线,因此可将金属制的配饰衬托得更醒目,让其显得更高档。附着在黑色绒布表面的灰尘和小碎屑等会比较显眼,因此在拍摄前应细心清除。

首饰摄影作品如图 3-47 和图 3-48 所示。

图 3-47　首饰放在白纸上拍摄缺乏高级感　　　图 3-48　拍摄饰品时背景是重要的道具

三、食品拍摄技巧

食品是人类生活中最不可缺少的消费品,食品的色、质、形会对人的食欲产生重要影响。但很多食品或菜肴在室内常温下放置一段时间后就会改变其色泽和质感,因此摄影师必须在拍摄前做好认真而细致的准备,待食品或菜肴烹调上桌后,在最短的时间内完成拍摄,才能保持其原始的色香味。

1. 巧妙布光

布光可以直接表现食品的质感和色彩,引发人们美好的味觉幻想。布光要根据食品的质地和味觉的不同而灵活安排。拍摄食品时较少使用直射的硬光,而是使用带有一定方向性的柔光。柔光的柔软程度视食品的表面状况而定。如图 3-49 和图 3-50 所示,布光时要注意光照亮度是否均匀,对暗部要做适当补光,以免明暗反差过大。在需要用轮廓光勾画被摄物体外形时,轮廓光不宜太强,并要在泛光灯前加装蜂巢罩,以控制光域,不干扰主光。

图 3-49　若食品的表面较为粗糙,一般应使用光性稍硬的柔光(孙亮　摄)

图 3-50　若食品的表面光滑,要使用光性极软的柔光,使食品的质感得到最佳表现(孙亮　摄)

2. 搭配合适的餐具和道具

道具的衬托及背景的烘托可以营造一种吸引人进餐的特殊氛围,间接地增强食品的诱惑力。在选择餐具时要注意餐具的形状、纹样及色调是否与食品协调,同时注意餐具和道具如同饰品摄影中的背景和模特一样不能喧宾夺主。搭配合适的餐具和道具如图 3-51 所示。

3. 技巧和实战案例

有些食品或菜肴一上桌就会改变其初始状态,可寻找一些逼真的替代品,如利用一些人工材料模拟食品或菜肴的形状和质感做一些假的食品,以还原食品的最佳状态。典型的例子就是拍摄冰块,冰块在灯光下的融化速度十分迅速,因此在拍摄有冰块的食品画面时,摄影师一般选择一种有机玻璃做成的假冰块,这样不仅拍摄效果逼真,而且冰块绝不会融化。此外,在拍摄冰激凌时,用土豆泥染色代替冰激凌,也可避免真品迅速融化。

拍摄水果时,如果将水果用色素液体浸泡,水果会显得更鲜艳。如果将水果涂上油脂,然后用干布打磨,水果的质感会更诱人。再用小喷壶喷洒水雾,可以在水果表面形成晶莹的水珠。

拍摄蔬菜时,将蔬菜用碱水泡洗一下,这样更能显现出蔬菜鲜嫩的质感。

拍摄啤酒时,在酒杯或酒瓶的外表面喷上水雾,会使啤酒如同刚刚冷冻过。如果在啤酒里放入微量精盐,则会使啤酒产生美观的白色泡沫,如图 3-52 所示。

图 3-51　搭配合适的餐具和道具(孙亮　摄)　　　　　　　　　图 3-52　啤酒

如果要拍摄热饮冒出热气的画面,具体方法是先在饮料中加少量醋酸,再滴入几滴氨水,这样就可以产生逼真的烟雾了。

实战案例如下。

"涝汁双耳"菜品摄影如图 3-53 所示。

"老上号"是一个以砂锅为主的快餐品牌。对于"涝汁双耳"这一菜品,客户要求拍摄的画面具有动感,于是产生了用汤汁倒入碗内的创意画面,拍摄过程如下。

第一步,拍摄准备工作。布置灯光,道具有拍摄主体、抹布、汤汁、筷子等。

第二步,往碗里倒汤汁,这个工作需要摄影助理来完成。在拍摄之前要确定好拍摄时汤碗的位置,汤汁进入画面的角度和汤柱的粗细都要控制得很精准。

第三步,多次尝试拍摄,调整倒入汤汁的角度和速度。观看效果,选取效果较好的照片。

第四步,电脑后期处理,调整色调。食品偏红或者黄等暖色调,看上去会有食欲;反之,食品要是偏绿或者蓝等冷色调,那就不太容易被人接受。同时汤汁溅起来的画面不可能达到想象的那么完美,需要在拍摄的照片里找到完成这幅画面的素材来进行后期合成,最终达到理想的成品效果。

图 3-53　"涝汁双耳"菜品摄影(孙亮　摄)

Shuma Sheying Jichu

项目四
数码摄影后期制作

任务一
综合运用 Photoshop 基本工具对照片进行简单处理

一、调整照片的构图

处理前和处理后的照片分别如图 4-1 和图 4-2 所示。

图 4-1　处理前的照片

图 4-2　处理后的照片

　　(1) 打开需要处理的原始图片,单击工具箱中的"裁切工具"按钮,在照片中以人物为中心构图,绘制裁剪框,如图 4-3 所示。

　　(2) 通过调整裁剪框上的八个控制手柄,对裁剪框进行细微的调整,单击 Enter 键,得到最终满意的构图效果,如图 4-4 所示。

图 4-3　打开原始图片,绘制裁剪框 1

图 4-4　最终构图效果 1

二、透视裁切照片

透视裁切前和透视裁切后的照片分别如图 4-5 和图 4-6 所示。

图 4-5　透视裁切前的照片　　　　　　　　　　　　图 4-6　透视裁切后的照片

　　(1)打开需要处理的原始图片,单击工具箱中的"裁切工具"按钮,在照片中以人物为中心构图,绘制裁剪框,如图 4-7 所示。

　　(2)单击工具状态栏下的"透视"按钮,调整控制手柄,对裁剪框进行调整,单击 Enter 键,得到最终满意的构图效果,如图 4-8 所示。

图 4-7　打开原始图片,绘制裁剪框 2　　　　　　　图 4-8　最终构图效果 2

三、去除照片上的日期

去除日期前和去除日期后的照片分别如图 4-9 和图 4-10 所示。

图 4-9　去除日期前的照片　　　　　　　　　　　　图 4-10　去除日期后的照片

（1）单击工具箱中的"仿制图章工具"，在需要处理的地方按住 Alt 键，吸取相近的颜色，如图 4-11 所示。

（2）按住 Alt 键，擦出所需要的效果，如图 4-12 所示。

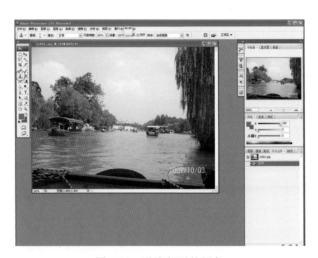

图 4-11　吸取相近的颜色

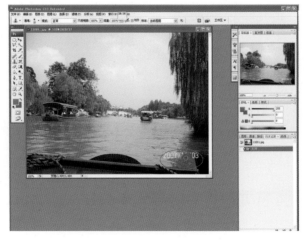

图 4-12　擦出所需要的效果

任务二
综合运用 Photoshop 滤镜、蒙版对照片进行处理

一、调整照片构图为微缩景观

调整前和调整后的照片分别如图 4-13 和图 4-14 所示。

图 4-13　调整前的照片

图 4-14　调整后的照片

（1）打开图片，复制背景图层，如图 4-15 所示。

（2）在背景副本图层上单击"快速蒙版"按钮，建立快速蒙版，单击"渐变工具"按钮，由黑渐变到白再渐变到黑，在渐变工具状态栏上单击"对称渐变"按钮，如图 4-16 所示。

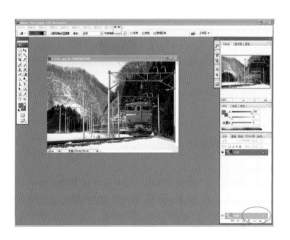

图 4-15　打开图片，复制背景图层

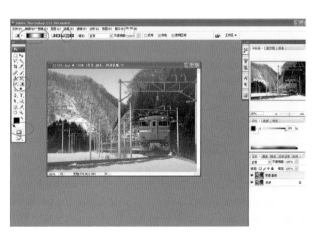

图 4-16　对称渐变

（3）单击背景，副本图层回到正常操作状态，得到选区，使用滤镜下的模糊——镜头模糊，如图 4-17

所示。

（4）在镜头模糊滤镜下调整相应的半径数值为15,得到最终效果图,如图4-18所示。

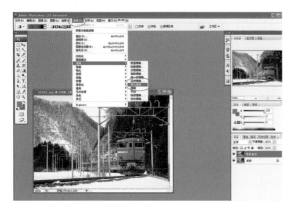

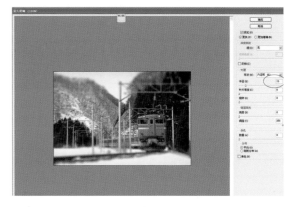

图 4-17　镜头模糊　　　　　　　　　　图 4-18　调整照片构图为微缩景观的最终效果图

二、制作具有动感冲击力的照片

制作具有动感冲击力的照片前和制作具有动感冲击力的照片后的照片分别如图4-19和图4-20所示。

图 4-19　制作具有动感冲击力的照片前的照片　　　　图 4-20　制作具有动感冲击力的照片后的照片

（1）打开照片,运用图像调整命令对图像的色调、色阶和颜色进行调整,再运用选区工具建立主体人物的选区,如图4-21所示。

（2）执行"滤镜—模糊—径向模糊"命令,选择"缩放"模式,完成最终效果,如图4-22所示。

图 4-21　人物选区　　　　　　　　　　图 4-22　制作具有动感冲击力的照片的最终效果

三、突出照片的主体

突出照片的主体前和突出照片的主体后的照片分别如图 4-23 和图 4-24 所示。

图 4-23　突出照片的主体前的照片　　　　　　　图 4-24　突出照片的主体后的照片

（1）打开照片，在背景图层建立相应的选区，按下"Ctrl＋C"组合键，然后按下"Ctrl＋V"进行原位复制，此时可以发现在背景图层上多出一层刚刚复制过的仅有选择区域的图层 1，在图层 1 上拉出矩形选区，如图 4-25 所示。

（2）在图层 1 上按下"Ctrl＋T"组合键（自由变换），使该区域旋转，如图 4-26 所示。

图 4-25　打开照片并处理 1　　　　　　　　　图 4-26　旋转

（3）转换到背景图层，执行"滤镜—模糊—径向模糊"命令，如图 4-27 所示。

（4）再回到图层 1，为图层 1 做图层样式。双击图层，进入"图层样式"面板，勾选"描边"，双击"描边"，进入"描边"面板，调整描边宽度，得到最终效果，如图 4-28 所示。

图 4-27　径向模糊处理　　　　　　　　　　　图 4-28　突出照片的主体的最终效果

四、照片清晰处理

照片清晰处理前和照片清晰处理后分别如图 4-29 和图 4-30 所示。

图 4-29　照片清晰处理前　　　　　　　　　　图 4-30　照片清晰处理后

（1）复制背景图层，得到背景副本图层，把背景副本图层作为当前工作图层，执行"滤镜—其他—高反差保留"命令，半径为 4.0 像素，如图 4-31 所示。

（2）把背景副本图层模式改为叠加，不透明度为 50％，得到最终效果，如图 4-32 所示。

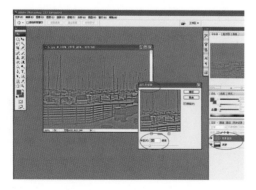

图 4-31　高反差保留处理　　　　　　　　　　图 4-32　照片清晰处理的最终效果

任务三
综合运用 Photoshop 各种工具对照片进行高级调色

一、修整曝光不足的照片

曝光不足的照片和修整曝光不足的照片分别如图 4-33 和图 4-34 所示。

图 4-33　曝光不足的照片

图 4-34　修整曝光不足的照片

（1）打开需要处理的照片,看到因为曝光不足造成人物细节缺失,这时就需要对整个画面的色彩做进一步调整了。首先复制背景图层,执行"图像—调整"命令,对背景副本图层的亮度/对比度(数值为 45、11)、曲线(数值为输入 43、输出 75)、色彩平衡(数值为−30、−5、5)进行相应调整,如图 4-35 所示。

（2）单击工具箱中的"快速选择工具",选取人物和树,按下"Ctrl＋J"组合键,选中区域图像并复制得到图层 1,对图层 1 的亮度/对比度、曲线、色彩平衡做相应调整,得到最终效果,如图 4-36 所示。

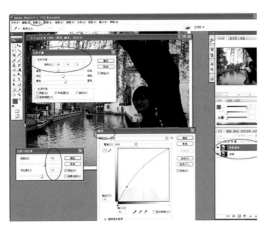

图 4-35　打开照片并处理 2

图 4-36　修整曝光不足的照片的最终效果

二、人像复古效果的处理方法

人像复古效果处理前和人像复古效果处理后的照片分别如图4-37和图4-38所示。

图4-37　人像复古效果处理前的照片

图4-38　人像复古效果处理后的照片

（1）打开原始照片并复制两层，得到背景副本图层和背景副本2图层，如图4-39所示。

（2）背景副本图层去色（按下"Ctrl＋Shift＋U"组合键），如图4-40所示。

图4-39　打开照片并处理3

图4-40　背景副本图层去色

（3）对背景副本2图层执行滤色，降低不透明度为60，如图4-41所示。

（4）在背景副本2图层上增加一个色彩平衡（执行"图像—调整—色彩平衡"命令），数值为（0,21,0），如图4-42所示。

（5）新建一层，为新建图层添加颜色，数值为（R:67,G:44,B:0），图层模式为强光，降低不透明度为50，如图4-43所示。

图4-41　滤色

图4-42　色彩平衡

图 4-43　为新建图层添加颜色

三、调整鲜艳的荷花

调整鲜艳的荷花处理前和调整鲜艳的荷花处理后的照片分别如图 4-44 和图 4-45 所示。

图 4-44　调整鲜艳的荷花处理前的照片　　　　图 4-45　调整鲜艳的荷花处理后的照片

（1）打开原始照片并复制背景图层,得到背景副本图层,如图 4-46 所示。

（2）操作背景副本图层,执行"编辑—指定配置文件"命令,"配置文件"选择"Adobe RGB（1998）",如图 4-47 所示。

（3）执行"编辑—转换为配置文件"命令,更改配置文件为"工作中的 RGB-sRGB IEC61966-2.1",如图 4-48 所示。

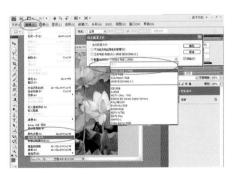

图 4-46　打开照片并处理 4　　　　　　　　　图 4-47　指定配置文件

（4）为背景图层做 USM 锐化，数量为 75％，半径为 1.5 像素，阈值为 0 色阶，如图 4-49 所示。

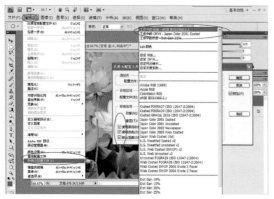

图 4-48　转换为配置文件

图 4-49　锐化处理

（5）执行"图像—调整—曲线"命令，对当前图层的绿通道进行调整，输出为 117，输入为 136，得到最终效果，如图 4-50 所示。

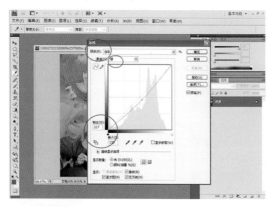

图 4-50　调整鲜艳的荷花的最终效果

四、玫瑰花的打磨及润色

玫瑰花的打磨及润色处理前和玫瑰花的打磨及润色处理后的照片分别如图 4-51 和图 4-52 所示。

图 4-51　玫瑰花的打磨及润色处理前的照片　　　图 4-52　玫瑰花的打磨及润色处理后的照片

（1）打开原图素材，把背景图层复制一层，然后执行"图像—新建调整图层—色阶"命令，输入色阶数值为(0,1.28,255),如图 4-53 所示。

（2）对当前图层进行曲线调整,调整的通道为 RGB,执行"图像—新建调整图层—曲线"命令,输出为 144,输入为 164,如图 4-54 所示。

图 4-53　打开原图素材并处理

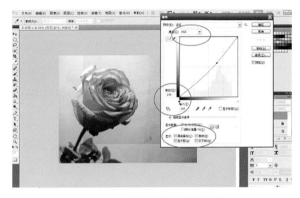

图 4-54　对图层进行曲线调整

（3）新建色彩平衡调整图层,对阴影及高光进行调整,阴影为(-4,0,9),高光为(7,0,-14);再次新建色彩平衡调整图层,阴影为(-5,0,-3),高光为(-6,0,-7),如图 4-55 所示。

（4）创建曲线调整图层,输出为 188,输入为 144,如图 4-56 所示。

图 4-55　对阴影及高光进行调整

图 4-56　创建曲线调整图层

（5）新建色彩平衡调整图层,调整中间值,参数为红色 61、绿色-8、蓝色 25,如图 4-57 所示。

（6）新建可选颜色调整图层,对中性色进行调整,参数为青色-1%、洋红-7%、黄色-24%、黑色-20%,如图 4-58 所示。

图 4-57　调整中间值

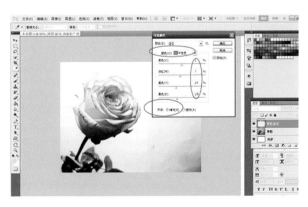

图 4-58　对中性色进行调整

（7）单击"Ctrl＋Shift＋Alt＋E"组合键,新建一个盖印图层,执行"滤镜—锐化—USM 锐化"命令,参数设置为数量 134%、半径 0.5 像素、阈值 0 色阶,如图 4-59 所示。

（8）新建由黄到白的渐变图层,渐变方式为径向渐变,如图 4-60 所示。

图 4-59　USM 锐化

图 4-60　径向渐变的图层

（9）把图层模式改成正片叠底,更改不透明度为 60%,适当调整亮度/对比度,如图 4-61 所示。

（10）新建色彩平衡调整图层,参数为红色－19、绿色＋13、蓝色＋11,适当用 USM 滤镜再锐化一下,得到最终效果,如图 4-62 所示。

图 4-61　调整模式和亮度/对比度

图 4-62　玫瑰花的打磨及润色的最终效果

参考文献
References

［1］［英］Doug Harman.数码摄影必读[M]. 2 版.袁鹏飞,译.北京:人民邮电出版社,2009.

［2］［美］Scott Kelby.数码摄影手册[M].毛晓燕,邓力文,译.北京:人民邮电出版社,2007.

［3］齐欣.数码摄影实用技艺教程[M].上海:上海人民美术出版社,2009.

［4］林路.广告摄影[M].上海:上海教育出版社,2008.

［5］顾欣.专业摄影[M].上海:上海人民美术出版社,2007.